国 家 出 版 基 金 资 助 项 目
"十四五" 时期国家重点出版物出版专项规划项目
"双 一 流" 建 设 精 品 出 版 工 程

国家出版基金项目
NATIONAL PUBLICATION FOUNDATION

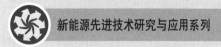

新能源先进技术研究与应用系列

Z 源变换器及其在新能源汽车领域中的应用

Z-Source Converter and Its Application in the Field of the Vehicle with New Energy

董 帅　张千帆　著

哈尔滨工业大学出版社
HARBIN INSTITUTE OF TECHNOLOGY PRESS

内 容 简 介

DC/DC 变换器和 Z 源变换器都能够调节直流母线电压,而 Z 源变换器所用的有源器件更少,电压型 Z 源逆变器允许桥臂直通,可靠性更高。本书对 Z 源逆变器进行了原理性介绍及其在新能源汽车用永磁同步电机驱动系统中的应用研究,主要内容包括:Z 源逆变器的工作原理及国内外研究现状;Z 源逆变器电感、电容设计方法;传统缓冲电路应用问题;Z 源逆变器小信号建模;Z 源逆变器驱动永磁同步电机系统的设计等。

本书特色在于采用 Z 源逆变器调节直流母线电压,拓展新能源汽车领域永磁同步电机的转矩、转速工作范围并使系统效率得到优化。本书可作为电力电子与电力传动以及电机控制专业方向的研究生教材,也可以作为从事电力电子装置、开关电源等硬件研发人员的参考书。

图书在版编目(CIP)数据

Z 源变换器及其在新能源汽车领域中的应用/董帅,张千帆著.—哈尔滨:哈尔滨工业大学出版社,2022.5
　(新能源先进技术研究与应用系列)
　ISBN 978 - 7 - 5603 - 9108 - 3

　Ⅰ.①Z… Ⅱ.①董… ②张… Ⅲ.①阻抗变换器-研究 ②阻抗变换器-应用-新能源-汽车-研究 Ⅳ.①TN624 ②U469.7

　中国版本图书馆 CIP 数据核字(2020)第 195963 号

策划编辑　王桂芝　李长波
责任编辑　周一瞳　孙　迪　范业婷　张　荣
出版发行　哈尔滨工业大学出版社
社　　址　哈尔滨市南岗区复华四道街 10 号　邮编 150006
传　　真　0451 - 86414749
网　　址　http://hitpress.hit.edu.cn
印　　刷　辽宁新华印务有限公司
开　　本　720 mm×1 000 mm　1/16　印张 11.5　字数 220 千字
版　　次　2022 年 5 月第 1 版　2022 年 5 月第 1 次印刷
书　　号　ISBN 978 - 7 - 5603 - 9108 - 3
定　　价　68.00 元

国家出版基金资助项目

新能源先进技术研究与应用系列

编审委员会

总 序

　　能源是人类社会生存发展的重要物质基础,攸关国计民生和国家安全。当前,全球能源结构加快调整,新一轮能源革命蓬勃兴起,应对全球气候变化刻不容缓。作为世界能源消费大国,牢固树立和贯彻落实创新、协调、绿色、开放、共享的发展理念,遵循能源发展"四个革命、一个合作"战略思想,推动能源生产利用方式变革,构建清洁低碳、安全高效的现代能源体系,是我国能源发展的重大使命。

　　由于煤、石油、天然气等常规能源储量有限,且其利用过程会带来气候变化和环境污染,因此以可再生和绿色清洁为特质的新能源和核能越来越受到重视,成为满足人类社会可持续发展需求的重要能源选择。特别是在"双碳"目标下,构建清洁低碳、安全高效的能源体系,实施可再生能源替代行动,构建以新能源为主体的新型电力系统,是推进能源革命,实现碳达峰、碳中和的重要途径。

　　"新能源先进技术研究与应用系列"图书立足新时代我国能源转型发展的核心战略目标,涉及新能源利用系统中的"源、网、荷、储"等方面:

　　(1) 在新能源的"源"侧,围绕新能源的开发和能量转换,介绍了二氧化碳的能源化利用,太阳能高温热化学合成燃料技术,海域天然气水合物渗流特性,生物质燃料的化学焓,能源微藻的光谱辐射特性及应用,以及先进核能系统热控技术、核动力直流蒸汽发生器中的汽液两相流动与传热等。

　　(2) 在新能源的"网"侧,围绕新能源电力的输送,介绍了大容量新能源变流器并联控制技术,交直流微电网的运行与控制,能量成型控制及滑模控制理论在新能源系统中的应用,面向新能源发电的高频隔离变流技术等。

(3)在新能源的"荷"侧,围绕新能源电力的使用,介绍了燃料电池电催化剂的电催化原理、设计与制备,Z 源变换器及其在新能源汽车领域中的应用,容性能量转移型高压大容量 DC/DC 变换器,新能源供电系统中高增益电力变换器理论及应用技术等。此外,还介绍了特色小镇建设中的新能源规划与应用等。

(4)在新能源的"储"侧,针对风能、太阳能等可再生能源固有的随机性、间歇性、波动性等特性,围绕新能源电力的存储,介绍了大型抽水蓄能机组水力的不稳定性,锂离子电池状态的监测与状态估计,以及储能型风电机组惯性响应控制技术等。

"新能源先进技术研究与应用系列"图书是哈尔滨工业大学等高校多年来在太阳能、风能、水能、生物质能、核能、储能、智慧电网等方向最新研究成果及先进技术的凝练。其研究瞄准技术前沿,立足实际应用,具有前瞻性和引领性,可为新能源的理论研究和高效利用提供理论及实践指导。

相信本系列图书的出版,将对我国新能源领域研发人才的培养和新能源技术的快速发展起到积极的推动作用。

2022 年 1 月

前　言

　　为了防止桥臂直通，电压源型逆变器在控制时要在同一桥臂的开关信号中加入死区。死区的存在会引起负载电流畸变，对电机而言，尤其在低速轻载工况下，畸变更为严重。传统的做法是加死区补偿，这无疑增加了控制的复杂性。2002 年，彭方正教授提出了一种新型功率变换器拓扑，称为 Z 源变换器（阻抗源变换器）。这是一个划时代的变革，从此以后，电压源型逆变器允许短路，电流源型逆变器允许开路。Z 源变换器和 DC/DC 变换器相比，它们都能够调节直流母线电压，但 Z 源变换器用到的有源器件更少，可靠性更高。

　　Z 源变换器自提出以来受到研究人员的充分重视，开展了大量的研究工作，涉及变换器主电路参数设计、主电路拓扑改进、变换器 PWM 调制策略、Z 源整流、Z 源逆变、Z 源网络和矩阵变换器相结合、Z 源网络和多电平变换器相结合等诸多方面，其应用涉及电机调速、光伏发电、燃料电池电动车、混合动力电动车、超级电容电动车等诸多领域。Z 源变换器典型的代表性拓扑为 Z 源逆变器和准 Z 源逆变器，二者输出特性是完全一致的，只是在 Z 源网络电压电流应力方面有所区别，在此统称为 Z 源逆变器。

　　电动汽车作为替代能源车，其降低全球碳排放量、解决石油资源枯竭问题已经成为共识。美国、欧盟和日本相继提出了各自的电动汽车发展路线图，我国政府提出了到 2035 年纯电动汽车成为新销售车辆主流的发展规划。本书以新能源汽车领域为背景，针对 Z 源变换器的基本工作原理和控制方法进行了详细介绍,对 Z 源变换器的应用进行了指导性设计。全书共分 8 章:第 1 章为 Z 源逆变器的工作原理及国内外研究现状介绍,包括 Z 源逆变器具备的优势及其发展脉络、拓扑研究、控制研究和面临的机遇与挑战;第 2 章和第 3 章分别介绍了 Z 源网络两大关键部件——电感和电容在 SPWM 和 SVM 调制下的设计方法,重点是小电感情况下电路工作状态划分和电容的设计;第 4 章描述了传统缓冲电路应用于 Z 源逆变器时存在的问题,传统 C 型、RC 型和 RCD 型缓冲电路均不适合直接应用;第 5 章进行了 Z 源逆变器小信号建模,描述了直通占空比、电感和电容量对系统动态的影响,为动态控制器设计奠定了基础;第 6~8 章对 Z 源逆变器驱动新能源汽车用永磁同步电机系统进行了设计,对表贴式永磁同步电机进行 $i_d = 0$ 控制,研究其扩速特性,对内置式永磁同步电机进行最大转矩/电流比控制,研究其升压扩速和损耗特性。

本书基于作者近几年对 Z 源变换器的研究工作撰写而成,其中董帅负责第 1~4 章和第 8 章,研究生周超伟负责第 5~7 章,张千帆教授在本书的撰写过程中一直给予详细、认真的指导。已毕业的硕士研究生于一帆、薛平、杨波、王好乐和王睿以及博士研究生那拓扑和在读博士李为汉对相关 Z 源逆变器做了大量理论和实验研究,为本书提供了有力支持,书稿为集体的阶段性成果。

由于作者水平有限,书中难免有不足之处,恳请读者批评指正。

作　者

2022 年 1 月于哈工大

目　录

第 1 章

绪　论

本章对 Z 源逆变器的工作原理、拓扑结构和控制策略的研究现状，以及存在的关键技术瓶颈与发展方向开展讨论。首先是对应用背景的简要介绍，并介绍了 Z 源逆变器的工作原理；其次详细列举了几种不同拓扑的 Z 源逆变器并进行对比，同时阐述直通实现方式和直流链电压闭环控制的发展现状；最后，讨论了 Z 源逆变器现存问题以及未来可能的发展方向。

1.1 研究背景

电动汽车作为替代能源车,其降低全球碳排放量、解决石油资源枯竭问题已经成为共识。美国、欧盟和日本相继提出了各自的电动汽车发展路线图,我国政府提出了到 2035 年纯电动汽车成新销售车辆主流的发展规划。目前,混合动力汽车技术逐步成熟,进入产品市场竞争期;纯电动汽车技术进步加速,开启全方位创新发展新局面;燃料电池汽车研发稳步推进,继续占据电动汽车技术制高点。

电机及其控制系统是电动汽车的关键核心部件之一,永磁同步电机驱动系统效率高、功率密度大,已经成为各类电动车辆的首选装备。以目前全球市场保有量最大的混合动力车 Prius 为例,其主驱动电机和启动发电机都采用永磁同步电机系统。永磁同步电机驱动系统应用于电动汽车有其固有优势的同时也存在一些问题,主要体现在:

(1)受逆变器输出能力的限制,永磁同步电机转速高于基速运行需要弱磁控制。一般通过矢量控制产生直轴电流实现弱磁,导致逆变器容量增加,弱磁工作区域系统效率降低。为提高电机系统恒功率工作的转速范围(CPSR),通常在电机设计中采用折中方案,增加电机的体积和质量。

(2)由直流电源直接供电及经双向 DC/DC 升压的永磁同步电机系统,为了避免桥臂直通,通常的做法是在驱动输出中加入死区。死区的出现会引起电机转矩脉动及谐波损耗增大,为了减小死区造成的不利影响,往往需要加入死区补偿,但这样会增加控制难度。

对于应用于电动汽车领域的由蓄电池组、超级电容或光伏电池板等直流电源供电的功率变换器所构成的电机驱动系统,目前主要有两种方案调节直流母线电压。一种是在直流电源和逆变器之间加入双向 DC/DC 变换器,另一种是加入阻抗源(Z 源)网络。

DC/DC 变换器和 Z 源变换器都能够调节直流母线电压,而 Z 源变换器所用的有源器件更少,可靠性更高。由 DC/DC 变换器和 Z 源变换器所组成的驱动系统在某些方面的性能已有相关学者对其进行了实验验证。2004 年,彭方正教授在美国橡树岭国家实验室(ORNL)进行了传统 Boost 变换器和 Z 源变换器的相关实验。实验中系统直流电源为燃料电池堆,中间变换器采用的是单向 Boost 和 Z 源变换器结构,驱动负载为一台额定功率为 34 kW(峰值功率 50 kW)的交流电机,系统电路图如图 1.1 所示。

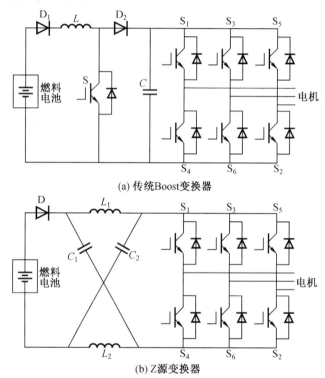

(a) 传统Boost变换器

(b) Z源变换器

图 1.1　传统 Boost 变换器和 Z 源变换器驱动系统电路图

为了评估器件功率等级,定义 SDP_{peak} 为器件峰值电压和峰值电流的乘积,而定义 SDP_{av} 为器件峰值电压和平均值电流的乘积,以 Total_SDP 表示一台变换器中所有器件的功率等级之和,则有

$$Total\_SDP_{peak} = \sum_{i=1}^{n} u_{i\_peak} i_{i\_peak} \tag{1.1}$$

$$Total\_SDP_{av} = \sum_{i=1}^{n} u_{i\_peak} i_{i\_av} \tag{1.2}$$

式中　u_{i_peak}、i_{i_peak}——器件峰值电压和电流；

　　　　n——变换器中器件的数目；

　　　　i_{i_av}——器件平均电流。

以上这两组参数决定了开关管体积大小和功率等级，最为直接的是它们影响了产品价格。实验结果显示，Z 源变换器的器件平均功率之和要小于 Boost 变换器（199 kV·A 与 225 kV·A），而器件峰值功率要大于 Boost 变换器（605 kV·A 与 528 kV·A）。

另一方面，实验对 Boost 变换器和 Z 源变换器驱动下系统和变换器的效率也进行了测试。测试结果表明，在不同的功率等级下，Z 源变换器比 Boost 变换器效率平均高出 0.7%。由 Z 源变换器驱动的系统效率也要比 Boost 变换器驱动的系统效率高，最大高出了 0.87%，只是在峰值功率 50 kW 附近效率略低，如图 1.2 所示。

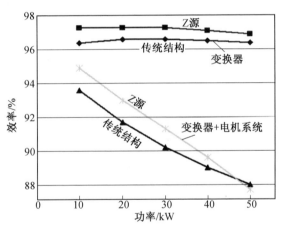

图 1.2　不同变换器效率对比

本书以电压型 Z 源逆变器为研究目标，由于允许桥臂直通，因此大大提高了系统的可靠性，同时不用为消除死区影响加以复杂的控制；另一方面，由于母线电压可调，因此拓展了电动汽车驱动用永磁同步电机的转速和转矩范围。

1.2　Z 源逆变器的工作原理

Z 源网络由两对对称的电感、电容和一个输入侧二极管构成，如图 1.3 所示。通过三相桥臂在不同状态的切换，完成电感电容的充放电控制，使得直流链电压在逆变桥非直通状态得到泵升,达到升压的目的。

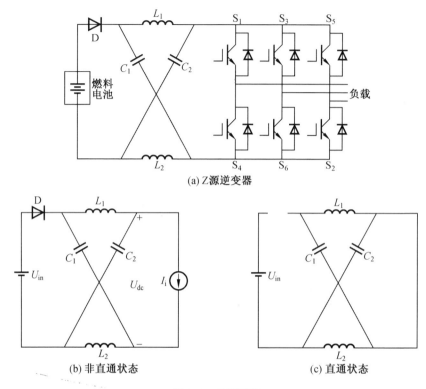

(a) Z源逆变器

(b) 非直通状态　　　　　　　　　(c) 直通状态

图1.3　Z源网络

　　按照开关管的导通状态,Z源逆变器的工作状态可以分为两大类——直通状态和非直通状态。直通状态时,至少有一路桥臂的上下两路开关管同时导通,也就是通常所说的"桥臂短路"。一般按桥臂直通数目,直通方式可以分为单相、两相和三相直通。非直通状态也即传统电压源型变换器所具有的工作状态,包括零状态和有效状态。

　　非直通状态期间,输入侧二极管导通,电感向电容放电,电感电压和直流链电压满足如下关系式:

$$u_L = U_{in} - U_C \tag{1.3}$$

$$U_{dc} = u_L + U_C \tag{1.4}$$

式中　u_L——Z源网络电感电压;

　　　　U_{in}——输入直流电压;

　　　　U_C——Z源网络电容电压;

　　　　U_{dc}——直流链电压。

由式(1.3)及式(1.4)有

$$u_L = 2U_C - U_{in} \qquad (1.5)$$

直通状态期间,由于二极管阴极电压高于阳极电压,故其处于关断状态,Z 源网络电感被电容充电,有

$$u_L = U_C \qquad (1.6)$$

假设 Z 源逆变器的直通占空比为 d_s,载波周期为 T_s,则直通状态持续时间为 $d_s \times T_s$,非直通状态持续时间为 $(1-d_s) \times T_s$,由伏秒平衡原理有

$$(2U_C - U_{in}) \times (1-d_s) \times T_s + U_C \times d_s \times T_s = 0 \qquad (1.7)$$

可以推得电容和直流链电压的表达式如下:

$$U_C = \frac{1-d_s}{1-2d_s} U_{in} \qquad (1.8)$$

$$U_{dc} = \frac{1}{1-2d_s} U_{in} \qquad (1.9)$$

由式(1.9)可以看出,Z 源逆变器实现了电压泵升。

1.3 Z 源逆变器的国内外研究现状

Z 源逆变器提出伊始,大家普遍致力于直通调制策略的研究,力求在相同的直通占空比下升压比更高、器件应力更小、实现更为简单、电感电流纹波更小。随着 Z 源逆变器的逐步发展,学者们开始探索将其应用于诸如电动汽车、光伏发电、电机调速等领域,使得 Z 源逆变器的应用领域更加宽阔。而贯穿 Z 源逆变器发展至今,一直为研究热点的就是 Z 源逆变器拓扑结构及控制方式的研究。针对应用对象的不同,学者们对新逆变器拓扑的探索脚步从未停止,不断地提出诸如器件数目少、体积小、升压比高、启动冲击小的新逆变器结构。在控制方式上,Z 源逆变器刚被提出时,应用最多的为简单易实施的开环控制。随着 Z 源逆变器应用领域的逐步推广,客观上对变换器性能的要求越来越高,单闭环、双闭环控制策略开始逐步取代开环结构,另外,滑膜控制、模糊控制等智能控制策略也被尝试着应用于 Z 源逆变器。以下从拓扑结构、调制方式和闭环控制策略 3 个方面展开讨论。

1.3.1 拓扑结构的研究

1. 以减小网络电压应力为目的的拓扑

准 Z 源拓扑是通过调整传统 Z 源逆变器中二极管和电感电容的相对位置来实现升压的目的。文献[4]提出一组准阻抗源拓扑,如图 1.4 所示,在保留 Z 源逆变器原有优点的同时,减小了电容的电压应力,并且在控制方式上和传统 Z 源网络完全相同。

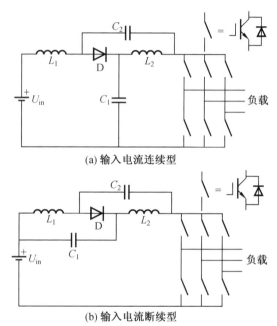

(a) 输入电流连续型

(b) 输入电流断续型

图 1.4　电压型准 Z 源逆变器

输入电流连续电压型准 Z 源网络由于输入电流连续,更容易进行输入侧滤波,用于蓄电池等供电的场合,在光伏并网系统中可以省略输入滤波环节。电容 C_1 的电压应力和传统 Z 源网络相同,而电容 C_2 的电压应力减小至原来的 d_s 倍;输入电流断续电压型准 Z 源网络输入电流断续,但两个电容承受的电压都大幅降低,为原来的 d_s 倍。

南京航空航天大学的汤雨教授先后提出了图 1.5 所示的两种串联型 Z 源逆变器,着力解决传统 Z 源逆变器存在的启动电流冲击问题。通过重新布置 Z 源网络的位置,实现了逆变器的软启动。此外,串联型 Z 源逆变器两个电容承受的电压都降低为原来的 d_s 倍。

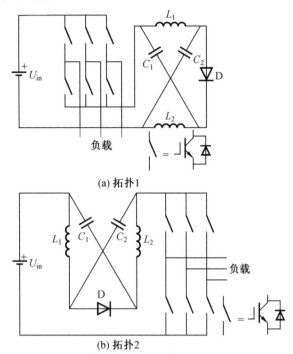

(a) 拓扑1

(b) 拓扑2

图 1.5　串联型 Z 源逆变器

2. 以减小电感/电容数目为目的的拓扑

考虑到 Z 源网络的两个电容和电感占据的大空间和质量，学者们对此展开了研究，提出了以下几种类型的 Z 源逆变器。

图 1.6 所示的是采用变压器或电感耦合技术的几种 Z 源逆变器。Trans－Z 源和 Γ－Z 源逆变器以双绕组变压器的形式来替代传统 Z 源逆变器中的两个电感，将电感和电容的数目都降为 1。

Trans－Z 源在保持高升压比的同时也保证了低电压应力的优势。与其他由变压器或耦合电感构成的逆变器不同的是，随着变比的增大，Γ－Z 源逆变器的升压比会逐渐变小。T－Z 源逆变器采用了双绕组电感耦合的技术，同样将电感和电容的数目降低至 1。无源器件和逆变器共用一个直流源，这种结构的阻抗网络很适合于在多电平 NPC 逆变器中应用。使用变压器或电感耦合技术的 Z 源逆变器虽然在结构上使得电感和电容的数目减少，但在工程技术上却难以避免由漏感带来的不利影响。

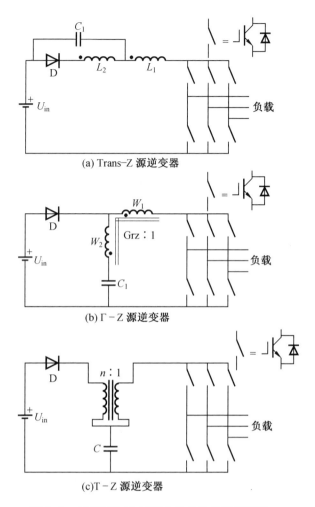

(a) Trans-Z 源逆变器

(b) Γ-Z 源逆变器

(c)T-Z 源逆变器

图 1.6　有变压器/电感耦合技术的 Z 源逆变器

　　文献[8]的作者提出了一种 L-Z 源逆变器,如图 1.7 所示。这种逆变器使用了两个电感,但却不再需要使用电容。但是,由于回路中串联大电感而没有电容滤波,该种结构的逆变器并不能驱动阻感型负载,否则会随着开关管的通断而产生大的电压尖峰。虽然在直流链并联 RC 缓冲电路能够缓解电压尖峰问题,但是电路对 RC 参数的准确性要求高,而且电路在缓冲电阻上产生的损耗是巨大的。

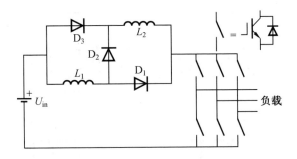

图 1.7 L—Z 源逆变器

图 1.8 展示了一种 ASC 准 Z 源逆变器。该种逆变器在原阻抗源网络中使用了开关器件,节省了一个电感和电容。

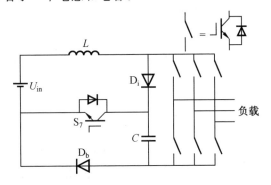

图 1.8 ASC 准 Z 源逆变器

虽然单级拓扑能够达到和传统 Z 源逆变器一样的升压比,但是回路中的开关器件增加了控制的复杂性。另外,当电感量较小或者负载功率因数较低时,电路会处于一种不正常工作状态。虽然在二极管 D_i 上反并联开关管可以解决这个问题,但是,电感电流会出现断续,逆变器的升压比会随着负载的变化而变化。

图 1.9 为该拓扑在反并联开关管后带不同负载时的波形。从图中可以看出电感电流断续并且负载不同时,直流链电压值也不同。这既不利于负载侧控制,也会给主电路器件带来过压的危险,故该种拓扑的逆变器在开关工作模式时更适合工作于负载固定或变化范围很小的场合。

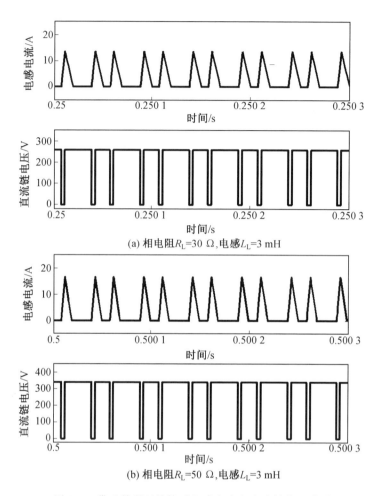

(a) 相电阻R_L=30 Ω,电感L_L=3 mH

(b) 相电阻R_L=50 Ω,电感L_L=3 mH

图 1.9　带反并联开关管时电感电流和直流链电压波形

3. 以提高升压比为目的的拓扑

由 2 个电感和 3 个二极管构成的开关电感具有升压比高的优势,如图 1.10 所示的拓扑结构即是将 Z 源网络中的电感用开关电感代替,称为开关电感 SL－准 Z 源和 SL－Z 源。在直通状态向非直通状态过渡时,开关电感中的两个电感由并联充电向串联放电转换,达到升压的目的。

在开关电感的基础上,文献[13]将其中的一个二极管用电容代替,形成一个升压单元。由此构成的 Z 源逆变器升压能力得到进一步提高,称为VL－准 Z 源逆变器,如图 1.11 所示。

采用变压器或耦合电感结构,通过改变绕组匝数比来达到进一步升压目的

的 Z 源逆变器拓扑也有很多,之前所述的 Trans－Z 源逆变器和 T－Z 源逆变器
就是这种结构。当匝数大于 1 时,它们的升压比都要比传统的 Z 源逆变器高。

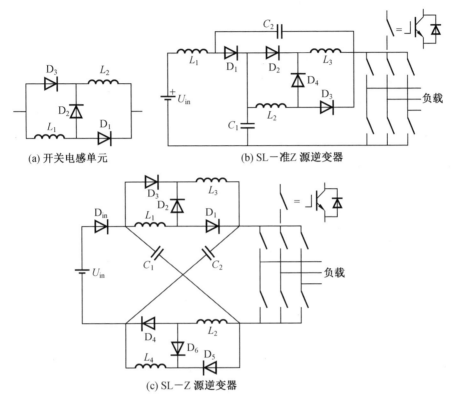

(a) 开关电感单元　　　　　　(b) SL－准 Z 源逆变器

(c) SL－Z 源逆变器

图 1.10　采用开关电感升压的 Z 源逆变器

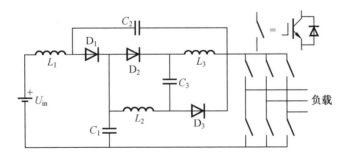

图 1.11　VL－准 Z 源逆变器

如图 1.12 所示的 SCL－准 Z 源逆变器结合了上述所有的升压措施。它将
其中的一个电感用一个升压单元替换,同时,在电路中采用了一个三绕组耦合电

感(图中以绕组 N_1、N_2 和 N_3 表示)来进一步提升电压,虽然需要的器件有所增加,但是其升压能力却得到了大幅度提高。

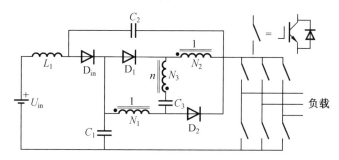

图 1.12　SCL－准 Z 源逆变器

以 n 来表示耦合电感的匝数,表 1.1 展示了书中所述的几种典型的 Z 源逆变器在升压能力和器件数目方面的特性。从表中可以看出,传统(准)Z 源逆变器、Trans－Z 源逆变器和 T－Z 源逆变器的升压能力最低,但是后两者仅需要一个电容,控制器成本和质量低;SL－(准)Z 源逆变器升压能力有所提高,但是是以牺牲器件数目为前提的,特别是 SL－Z 源逆变器,需要多达 7 个二极管和 4 个电感,增加了系统的复杂性,也降低了其可靠性;VL－准 Z 源逆变器拥有较高的升压比,但是同时其电容电压应力也比较高,且需要 3 个电感和电容,从体积上也不占优势。

表 1.1　几种 Z 源逆变器对比

名称	升压比	二极管/个	电容/个	电感/个	特性
(q)ZSI	$\dfrac{1}{1-2d_s}$	1	2	2	控制简单,可靠性高 升压比低 存在启动冲击问题
Trans－ZSI 和 T－ZSI	$\dfrac{1}{1-(n+1)d_s}$	1	1	二绕组变压器或耦合电感	体积小 升压比高 输入电流断续
SL－ZSI	$\dfrac{1+d_s}{1-3d_s}$	7	2	4	提高了升压比 器件数目很多 可靠性低
SL－qZSI	$\dfrac{1+d_s}{1-2d_s+d_s^2}$	4	2	3	器件数目多 二极管电压应力高

续表 1.1

名称	升压比	二极管/个	电容/个	电感/个	特性
VL－qZSI	$\dfrac{2}{1-3d_s}$	3	3	3	升压比高 电容电压应力高
SCL－qZSI	$\dfrac{2+n}{1-(n+3)d_s}$	3	3	独立电感和三绕组 耦合电感各 1 个	升压比极高 电容电压应力高

　　图 1.13 中给出了匝数 $n=1$ 时几种拓扑的升压能力对比曲线。从表 1.1 和图 1.13 可以看出,相对于其他拓扑,SCL－qZSI 的升压能力有了很大提升。事实上,当直通占空比为 0.24 时,SCL－qZSI 的升压比已经达到了 75 倍。这种拓扑在大升压比的场合有很大的应用潜力。

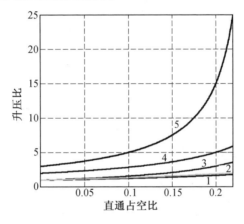

图 1.13　几种 Z 源逆变器的升压比对比
1—(q)ZSI,Trans－ZSI,T－ZSI;2—SL－ZSI;3—SL－qZSI;4—VL－ZSI;5—SCL－qZSI

4. 其他类型拓扑

　　图 1.14 为 3 种以储能为目的的(准)Z 源逆变器,前两种应用于光伏并网系统,分别将蓄电池并联于网络电容 C_1 或 C_2。在阳光充足的时候可以依赖光伏电池板提供电能,并储存一部分能量在蓄电池中。阳光弱的时候蓄电池释放存储的能量,环境适应性更强。

　　前两种方案中,将蓄电池并联于电容 C_1 的方案能够在 DCM 模式下正常运行,能更好地适应电池放电工况大范围变化。第三种为应用于燃料电池－蓄电池混合动力电动车的 Z 源逆变器。燃料电池作为主能源驱动电机,蓄电池作为辅助能源在汽车加速或者燃料电池动力不足时输出电能,并回收电机的制动

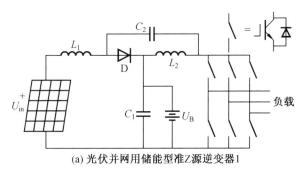

(a) 光伏并网用储能型准Z源逆变器1

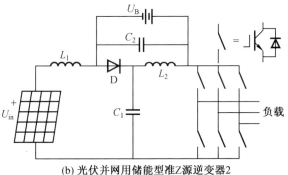

(b) 光伏并网用储能型准Z源逆变器2

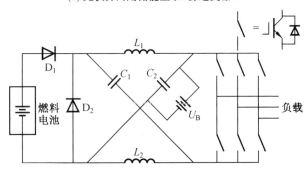

(c) 混合动力电动车用储能型Z源逆变器

图 1.14　储能型 Z 源逆变器

能量。

文献[17]提出了一种以消除输入侧高频电流纹波为目的的准 Z 源逆变器，如图 1.15 所示。

新拓扑将 Z 源逆变器网络中的两个电感采用耦合技术集成在一起，并从理论上验证了当互感等于 L_2，且电感量 L_1 与 L_2 不相同（$L_1 > L_2$）时，输入侧的高频电流纹波会被完全消除。采用此种技术，可以省略前置滤波环节，对由蓄电池等

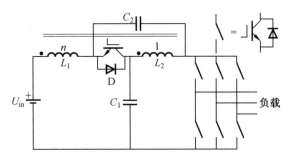

图 1.15　双向耦合准 Z 源逆变器

供电的电动汽车应用场合,既有助于提高电池寿命,又节省了滤波器所占据的空间和质量。

1.3.2　直通实现方式的研究

Z 源逆变器直通实现方式方面,经历了简单正弦脉宽调制(SPWM)控制、最大 SPWM 控制、最大恒定升压比 SPWM 控制和空间电压矢量脉宽调制(SVPWM,简称 SVM)控制阶段。

基于 SPWM 控制方式下的 3 种调试方式中:简单 SPWM 控制最为简单,但升压空间有限,器件的电压应力大;最大 SPWM 控制实现了升压最大化,但直通占空比不定,电感电流和电容电压存在 6 倍纹波,增加了电感和电容的设计指标;最大恒定升压比 SPWM 控制升压比比最大 SPWM 控制略小,但其直通占空比恒定,电感和电容设计值更小,在 3 种 SPWM 调制方式中综合性能最优。

同 SPWM 控制方式相比,SVM 方式具有更多的优势,如更高的电压利用率、更低的电流谐波含量和开关损耗,是目前应用最为广泛的方式。按照直通状态的插入时刻和作用时间,存在不同的 SVM 策略。简单 SVM 实现简单,但缺点是电感电流脉动大,电感设计指标大。并且开关频率成倍增加,开关损耗大。从能够实现升压最大化并且不提高开关频率的角度而言,SVM 策略目前主要应用的有两种:直通矢量平均分配的六段式 SVM 调制(SVM6)和四段式 SVM 调制(SVM4),如图 1.16 所示。在图中以 T_{sh} 表示总的直通时间,以下标"＋""－"来区别上、下桥臂开关管,以 T_{a+}、T_{b+}、T_{c+}、T_{a-}、T_{b-}、T_{c-} 来表示 Z 源逆变器三相桥臂开关管导通和关断的转换时刻。

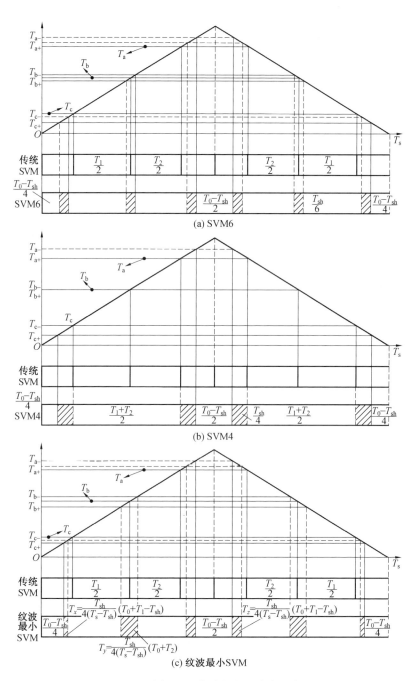

图 1.16　不同 SVM 策略的矢量分布示意图

在一个控制周期内,对于 SVM6,总的直通状态被平均分成 6 等份;而对于 SVM4,总的直通状态被平均分成 4 等份注入传统零矢量中。

SVM6 的开关时序为

$$\begin{cases} T_{a+} = T_a + \dfrac{T_{sh}}{12} \\ T_{a-} = T_a + \dfrac{T_{sh}}{4} \end{cases} \begin{cases} T_{b+} = T_b - \dfrac{T_{sh}}{12} \\ T_{b-} = T_b + \dfrac{T_{sh}}{12} \end{cases} \begin{cases} T_{c+} = T_c - \dfrac{T_{sh}}{4} \\ T_{c-} = T_c - \dfrac{T_{sh}}{12} \end{cases} \quad (1.10)$$

式中 T_{sh}——直通作用时间。

SVM4 的开关时序为

$$\begin{cases} T_{a+} = T_a \\ T_{a-} = T_a + \dfrac{T_{sh}}{4} \end{cases} \begin{cases} T_{b+} = T_b \\ T_{b-} = T_b \end{cases} \begin{cases} T_{c+} = T_c - \dfrac{T_{sh}}{4} \\ T_{c-} = T_c \end{cases} \quad (1.11)$$

在文献[22]中,汤雨等提出一种改进的 SVM 策略。该方案不再将直通时间平均分配,而是按照一定的数学关系进行实时分布。相对于其他 SVM 策略而言,该策略的突出优势在于取得了最小电感电流纹波,同时实现简单,能够实现升压最大化,此种调制方式的开关时序为

$$\begin{cases} T_{a+} = T_a + \dfrac{T_x}{2} \\ T_{a-} = T_a + \dfrac{3T_x}{2} \end{cases} \begin{cases} T_{b+} = T_b - \dfrac{T_y}{2} \\ T_{b-} = T_b + \dfrac{T_y}{2} \end{cases} \begin{cases} T_{c+} = T_c - \dfrac{3T_z}{2} \\ T_{c-} = T_c - \dfrac{T_z}{2} \end{cases} \quad (1.12)$$

1.3.3 直流链闭环控制方法的研究

Z 源逆变器实现控制的核心在于调节直通占空比,使直流链电压按照期望值输出。按照反馈变量的类型,分为直接控制方式和间接控制方式。

直接控制方式采集的反馈参数即为直流链电压,如图 1.17 所示。较间接控制方式而言,直接控制方式具有良好的动态响应特性。但是,直流链电压为高频脉冲输出,信号不易采集,硬件实现复杂。

文献[23]提出了一种直流链电压专用检测电路,如图 1.18 所示。非直通状态时,直流链电压沿着二极管迅速将电容 C_1 和 C_2 充电至 U_{dc};直通状态时,电容将沿着 RC 形成放电回路,但是由于输入端阻值极高,故电容下降的电压可以忽略不计。该检测电路需要根据不同的直流链电压值对 RC 参数进行调整,不具有通用性,同时也产生了额外的附加损耗。

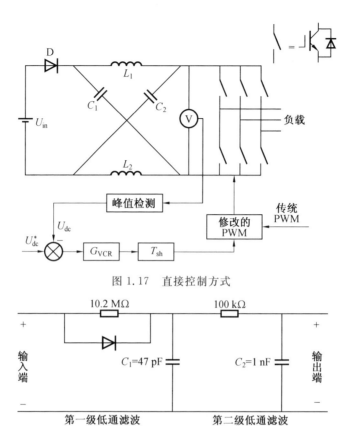

图 1.17　直接控制方式

图 1.18　峰值直流链电压检测电路

　　间接控制方式如图 1.19 所示,通过采集电容(和直流电源)两端的电压来间接推算出当前直流链电压。虽然响应速度较直接控制方式略慢,但是在硬件实现上简单,应用甚为广泛。

　　控制算法上,Z 源逆变器沿用了传统的 PID 算法、模糊控制、非线性控制和模型预测控制等,结合算法本身的优势提高了 Z 源逆变器闭环控制特性。控制模式上可分为电压模式和电流模式:电压模式即为通常所说的单闭环控制,通过采集电压值与给定值的偏差,经过一定的控制算法,最终求取直通占空比;电流模式即为双闭环控制,外环为电压环,内环为电感电流环。电流模式具有优良的稳态和动态特性,另外也抑制了 Z 源逆变器启动冲击的问题。

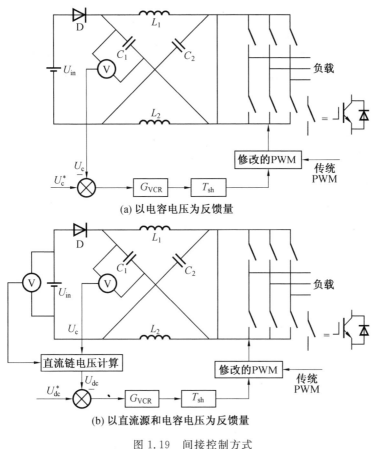

(a) 以电容电压为反馈量

(b) 以直流源和电容电压为反馈量

图 1.19　间接控制方式

1.4　面临的挑战和未来发展方向

1.调制比和直通占空比相耦合,升压比受限

Z 源逆变器的调制比 m 和直通占空比 d_s 存在以下耦合关系:

$$d_s \leqslant 1 - m \tag{1.13}$$

要想实现升压的更大化,就必须以牺牲 m、降低负载波形质量为代价。虽然目前已有多种 Z 源的衍生拓扑出现,提高了变换器的升压比,但是调制因子和直通占空比的耦合关系依然无法摆脱。

2. Z 源网络占据空间大,不利于集成

Z 源网络中需要两个电感和电容,比 DC/DC 变换器多一个电感。在大功率控制器中,电感占据的体积和质量是很大的,不利于在电动车等重视控制器质量的场合应用。再者,Z 源网络中电感的工作频率和逆变侧的开关频率是一致的。我们知道,控制器的功率越大,为了减少开关损耗,采用的开关频率就越低。而开关频率越低,电感的高频纹波电流就会越大,为避免饱和,需要增加磁芯体积和线圈半径,最终会影响到电感体积和质量。虽然采用耦合技术可以将电感数目减少到一个,但是耦合电感的设计过程中又不可避免地要面临减小漏感、提高耦合系数等工程难题。

3. 缓冲电路设计存在瓶颈

由于 Z 源逆变器存在直通状态,此时,无论是哪种传统有损型缓冲电路拓扑,都会给缓冲电容形成一个直接短路或者对电阻放电的回路,这无疑将造成火花危险及巨大的能量损失。故传统的 C 型、RC 型和 RCD 型缓冲电路均不适合在 Z 源逆变器上应用。图 1.20(a)给出了一种改进的 RCD 型的 Z 源逆变器缓冲电路,但是由于在非直通状态期间缓冲电容和 Z 源网络电容之间存在电压差,缓

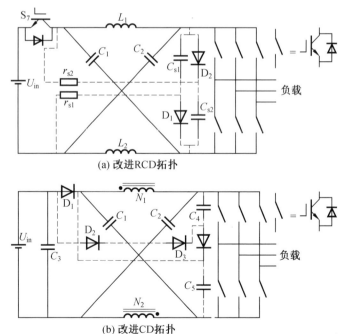

(a) 改进 RCD 拓扑

(b) 改进 CD 拓扑

图 1.20　改进的 Z 源缓冲电路

冲电阻中一直有电流流过,因此这种结构的缓冲电路造成的能量损耗很大。

如图 1.20(b)所示的改进 CD 缓冲电路结构虽然切断了直通时的缓冲电容放电回路,但是由于存在带电电容沿着低阻抗的二极管放电情况,快恢复二极管受到的冲击极大,极易烧毁。文献[26]试图通过在缓冲回路中增设开关器件来解决问题,但是明显增加了控制器成本和控制复杂性。目前,尚无完美成熟的 Z 源逆变器缓冲电路方案。

4. 输入侧反并联开关管驱动存在死区

为避免不正常工作状态的出现,使得 Z 源逆变器能够工作于负载大范围变化的工作场合,在输入侧二极管上需要反并联开关管,但由此也带来了新的问题。在直通状态时,如果反并联开关管没有可靠关断,Z 源网络电容将会通过直通桥臂形成图 1.21 所示的直通回路,对电容和桥臂 IGBT 造成极大的电流冲击,本书作者在实验过程中就曾由此造成过 IGBT 过流损坏。

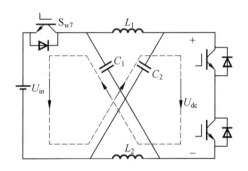

图 1.21　直通回路

为了避免此种安全隐患,需要在反并联开关管的驱动中添加死区,如图 1.22 所示,工程中可以根据实际使用的控制芯片通过软件或者硬件逻辑实现。但是,明显地,死区部分将会使得 Z 源逆变器处于不正常工作状态,造成波形畸变。寻求一种可行的死区补偿方式或者新型的拓扑结构来解决这个矛盾应该是今后的研究思路。

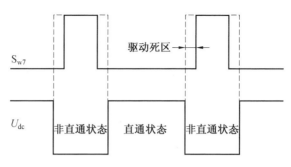

图 1.22　驱动死区

5. 故障诊断技术空白

从逆变桥角度而言,由于允许直通,Z源逆变器相对于传统电压型逆变器具有更高的可靠性。但是对于其输入侧二极管而言,无论发生短路故障还是开路故障,都将给后级逆变桥带来不可逆转的损害。传统的 DC/DC 和 DC/AC 的故障诊断技术已经较为成熟,相关文献报道很多。就 DC/DC 而言,一般是以电感电流或电压状态来进行判断,故障发生时电感电流上升/下降趋势和电感电压极性会与正常状态时相反。而对于 Z源逆变器来讲,正常工作时,在非直通状态下电感电压为负,电感电流呈下降趋势;发生短路故障时,电感电压为正,电感电流上升;发生开路故障时,电感电压有正有负,电感电流呈上升趋势,如图 1.23 所示,短路和开路故障分离困难。

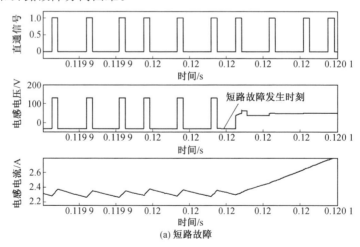

(a) 短路故障

图 1.23　Z源逆变器故障示意图

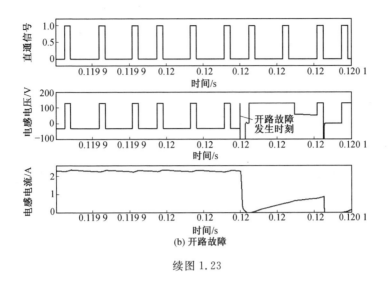

(b) 开路故障

续图 1.23

本 章 小 结

本章介绍了 Z 源变换器的工作原理和特点,以及其与 DC/DC 变换器的区别,并介绍了 Z 源变换器拓扑结构、直通实现方式和直流链电压闭环控制的发展现状,讨论了尚存的关键技术瓶颈和未来可能的发展方向。

第 2 章

Z 源网络电感元件设计

本章主要分析了 Z 源逆变器电感电流纹波特征。首先对三相 Z 源逆变器的工作状态进行划分,分析过程可简化为直通状态和非直通状态两大类,重点介绍了非直通状态下三相 Z 源逆变器逆变桥的等效电路模型;其次通过理论分析与推导给出了三相 Z 源逆变器在 SPWM 调制与 SVM 调制下电感电流纹波的计算方法,并分析了不同调制方式下电流纹波的差异及其对系统的影响;最后建立了电流纹波、电感值和电感器体积系数的关系,可用于指导 Z 源网络电感的设计。

2.1　Z 源逆变器工作状态划分

以允许能量双向流动的三相电压型 Z 源逆变器为研究对象,如图 2.1 所示。通过在输入侧二极管反并联开关管 S_{w7},可以有效抑制不正常工作状态,并且允许能量的双向流动,称为双向 Z 源逆变器。双向 Z 源逆变器能够工作在负载大范围变动的场合,Z 源网络电感可以设计得很小,有效地减少了控制器的体积和质量。

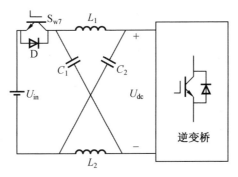

图 2.1　双向 Z 源逆变器

为了方便后续分析,首先对 Z 源逆变器进行工作状态的划分。按照输入侧二极管的开关状态和逆变桥侧电流的大小,其工作状态总共可分为 4 种——开路状态、有效状态 1、有效状态 2 和直通状态,如图 2.2 所示。

开路状态时,输入侧二极管正向导通,逆变桥侧工作于传统的零状态,直流链电流为 0。

有效状态 1 时,输入侧二极管正向导通,逆变桥侧工作于有效状态 1,直流链电流为 i_{d1}。

有效状态 2 时,输入侧二极管和逆变桥的工作状态类似于有效状态 1,只是直流链电流大小不一样,此时为 i_{d2}。

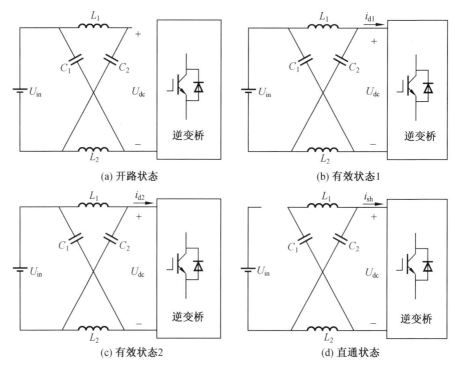

图 2.2　Z源逆变器工作状态划分

直通状态时,输入侧二极管反向截止,负载侧沿着逆变桥续流,直流链电流为 2 倍的电感电流。

根据以上分析,可以笼统地把 Z 源逆变器的工作状态划分为两大类——直通状态和非直通状态。输入侧二极管反向截止,电容放电,电感充电的工作状态称直通状态;而工作于开路状态、有效状态 1 和有效状态 2 时,Z 源逆变器输入侧二极管均正向导通,电感放电,电容充电,只是直流链电流大小有区别,故将这 3 种工作状态统称为非直通状态。进一步地,在非直通状态时可以将逆变桥侧看成一个恒流源,以下给出具体分析。

在逆变桥两侧均加入一个虚拟的高频 LC 滤波器,如图 2.3 所示。当逆变器工作频率足够高时,L 和 C 的取值可以非常小,这样在滤波器中储存的能量可以忽略不计。理想情况下,Z 源逆变器瞬时输入功率与输出功率相等,故有下式成立:

$$U_{dc}i_d = u_A(t)\ i_A(t) + u_B(t)\ i_B(t) + u_C(t)\ i_C(t) \tag{2.1}$$

式中　U_{dc}, i_d——直流链电压和电流;

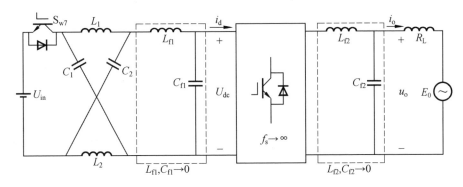

图 2.3 　带虚拟滤波器的 Z 源逆变器

$u_A(t),u_B(t),u_C(t)$——输出电压基波瞬时值；

$i_A(t),i_B(t),i_C(t)$——输出电流基波瞬时值。

假设三相负载平衡，加入虚拟滤波器后，则输出电压、电流基波的稳态表达式为

$$\begin{cases} u_A(t)=\sqrt{2}U_o\sin\omega t \\ u_B(t)=\sqrt{2}U_o\sin(\omega t-120°) \\ u_C(t)=\sqrt{2}U_o\sin(\omega t+120°) \end{cases} \tag{2.2}$$

式中　U_o——输出电压基波有效值；

ω——输出电压基波角频率。

$$\begin{cases} i_A(t)=\sqrt{2}I_o\sin(\omega t-\varphi) \\ i_B(t)=\sqrt{2}I_o\sin(\omega t-120°-\varphi) \\ i_C(t)=\sqrt{2}I_o\sin(\omega t+120°-\varphi) \end{cases} \tag{2.3}$$

式中　I_o——输出电流基波有效值。

直流链电流可表示为

$$\begin{aligned} i_d &=\frac{2U_oI_o}{U_{dc}}\big[\sin\omega t\cdot\sin(\omega t-\varphi)+\sin(\omega t-120°)\cdot\sin(\omega t-\varphi-120°)+\\ &\quad \sin(\omega t+120°)\cdot\sin(\omega t+\varphi-120°)\big]\\ &=\frac{3U_oI_o}{U_{dc}}\cos\varphi\\ &=I_d \end{aligned} \tag{2.4}$$

由式(2.4)可知，虚拟滤波器滤除了直流链电流的高频分量，可认为直流链电流为一直流量，如图 2.4 所示，Z 源网络侧瞬时输出功率保持恒定。

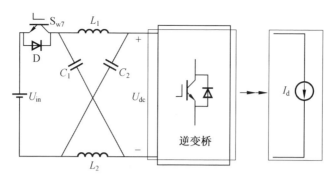

图 2.4　Z 源逆变器等效电路

2.2　SPWM 调制时电感电流纹波分析

SPWM 调制时,电感电流纹波如图 2.5 所示。图中,以 Δi_L 表示电感电流纹波,I_L 表示电感电流平均值,d_s 为直通占空比,T_s 为载波周期。稳态下,电感电流纹波恒定,一个载波周期中,前后半个周期内波形相同。

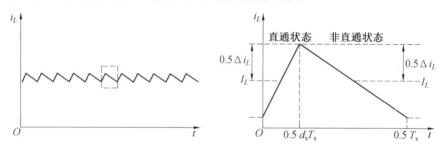

图 2.5　电感电流纹波

在直通状态下,电感两端电压为电容电压 U_C,电感电流纹波为

$$\Delta i_L = 2 \int_{t}^{t+0.5 d_s T_s} U_C \mathrm{d}t \tag{2.5}$$

当开关频率足够高时,将其进行近似线性化处理,电感电流进一步可表示为

$$\Delta i_L = \frac{U_C d_s T_s}{2L} = \frac{(1-d_s)\, U_{in} d_s T_s}{2(1-2d_s)L} \tag{2.6}$$

式中　L——Z 源网络电感值;

　　　　U_{in}——输入直流电压。

2.3　SVM 调制时电感电流纹波分析

传统的 SVM 方案由 8 个基本电压矢量 $U_0 \sim U_7$ 将整个矢量空间均分成 6 个扇区,如图 2.6 所示,并存在下式所示的数学关系:

$$\begin{cases} T_1 = m T_s \sin\left(\dfrac{\pi}{3} - \theta\right) \\ T_2 = m T_s \sin \theta \\ T_0 = T_s - T_1 - T_2 \end{cases}, \quad 0 \leqslant \theta \leqslant \frac{\pi}{3} \quad (2.7)$$

式中　　T_0、T_1、T_2——零矢量 U_0 和有效矢量 U_1 与 U_2 的作用时间;

　　　　θ——电压矢量角;

　　　　m——调制比,且 $m = \sqrt{3}\,|U_{\text{ref}}|/U_{\text{dc}}$。

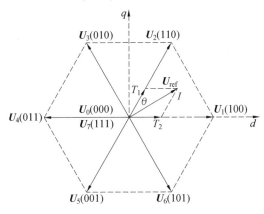

图 2.6　传统 SVM 方案空间矢量图

从能够实现升压最大化并且不提高开关频率的角度而言,SVM 策略最为典型的有两种:直通矢量平均分配的六段式 SVM(SVM6)和四段式 SVM(SVM4)。在一个控制周期内,对于 SVM6,总的直通状态被平均分成 6 等份;而对于 SVM4,总的直通状态被平均分成 4 等份注入传统零矢量中。本节以这两种典型的 SVM 方案来说明此时电感电流纹波的求取方法。

在非直通状态时,Z 源网络电感向电容放电,如图 1.3(b)所示,有

$$u_L = U_{\text{in}} - U_C \quad (2.8)$$

在直通状态时,电感被电容充电,如图 1.3(c)所示,有

$$u_L = U_C \quad (2.9)$$

在 SVM 调制方式下,一个开关周期内的直流链电压和电感电流波形如图 2.7 所示。

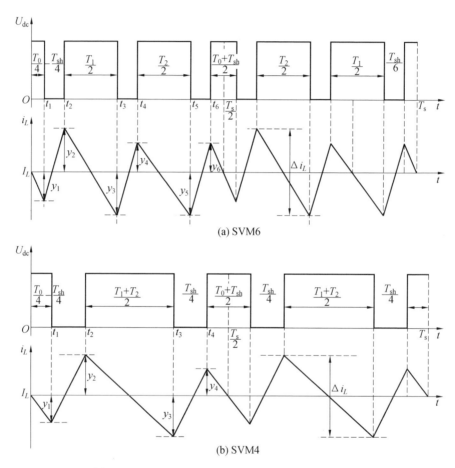

(a) SVM6

(b) SVM4

图 2.7　SVM6 和 SVM4 调制方式下的电感电流纹波

在一个开关周期内,电感电流的瞬时值在起始和结束时刻是相同的,都等于电感电流的平均值 I_L。SVM 方案所产生的波形关于开关周期的中点是中心对称的,所以在 $T_s/2$ 时刻的电流值也是 I_L。电感电流纹波的瞬时值 $y_x(x=1,$ $2,\cdots,6)$ 和 $y_x'(x=1,2,3,4)$ 可以由下式计算得到:

$$
\begin{cases}
y_1 = \dfrac{U_{\text{in}} - U_C}{L} t_1\,, & t_1 = \dfrac{T_0}{4} - \dfrac{T_{\text{sh}}}{4} \\[2mm]
y_2 = y_1 + \dfrac{U_C}{L}(t_2 - t_1)\,, & t_2 = t_1 + \dfrac{T_{\text{sh}}}{6} \\[2mm]
y_3 = y_2 + \dfrac{U_{\text{in}} - U_C}{L}(t_3 - t_2)\,, & t_3 = t_2 + \dfrac{T_1}{2} \\[2mm]
y_4 = y_3 + \dfrac{U_C}{L}(t_4 - t_3)\,, & t_4 = t_3 + \dfrac{T_{\text{sh}}}{6} \\[2mm]
y_5 = y_4 + \dfrac{U_{\text{in}} - U_C}{L}(t_5 - t_4)\,, & t_5 = t_4 + \dfrac{T_2}{2} \\[2mm]
y_6 = y_5 + \dfrac{U_C}{L}(t_6 - t_5)\,, & t_6 = t_5 + \dfrac{T_{\text{sh}}}{6}
\end{cases}
\tag{2.10}
$$

$$
\begin{cases}
y_1' = \dfrac{U_{\text{in}} - U_C}{L} t_1\,, & t_1 = \dfrac{T_0}{4} - \dfrac{T_{\text{sh}}}{4} \\[2mm]
y_2' = y_1 + \dfrac{U_C}{L}(t_2 - t_1)\,, & t_2 = t_1 + \dfrac{T_{\text{sh}}}{4} \\[2mm]
y_3' = y_2 + \dfrac{U_{\text{in}} - U_C}{L}(t_3 - t_2)\,, & t_3 = t_2 + \dfrac{T_1 + T_2}{2} \\[2mm]
y_4' = y_3 + \dfrac{U_C}{L}(t_4 - t_3)\,, & t_4 = t_3 + \dfrac{T_{\text{sh}}}{4}
\end{cases}
\tag{2.11}
$$

一个载波周期内电感电流纹波可表示为

$$
\Delta i_{L-\text{SVM6}} = 2\max(|y_1|,|y_2|,|y_3|,|y_4|,|y_5|,|y_6|) \tag{2.12}
$$

$$
\Delta i_{L-\text{SVM4}} = 2\max(|y_1'|,|y_2'|,|y_3'|,|y_4'|) \tag{2.13}
$$

把式(2.7)~(2.10)代入式(2.12),并把式(2.7)~(2.9)及式(2.11)代入式(2.13),得到纹波量 $|y_1'| \sim |y_4'|$ 和 $|y_1| \sim |y_6|$ 为

$$
\begin{cases}
|y_1'| = k \times \left| 3(1 - d_{\text{s}}) - 3m\cos\left(\theta - \dfrac{\pi}{6}\right) \right| \\[3mm]
|y_2'| = k \times 3m\cos\left(\theta - \dfrac{\pi}{6}\right) \\[3mm]
|y_3'| = k \times 3m\cos\left(\theta - \dfrac{\pi}{6}\right) \\[3mm]
|y_4'| = k \times \left| 3(1 - d_{\text{s}}) - 3m\cos\left(\theta - \dfrac{\pi}{6}\right) \right|
\end{cases}
\tag{2.14}
$$

式中　$k = \dfrac{d_{\text{s}} U_{\text{in}}}{12 L f_{\text{s}}(1 - 2d_{\text{s}})}$。

$$
\begin{cases}
|y_1| = k\left[3(1-d_s) - 3m\cos\left(\theta-\dfrac{\pi}{6}\right)\right] \\[2mm]
|y_2| = k\left[3m\cos\left(\theta-\dfrac{\pi}{6}\right) + d_s - 1\right] \\[2mm]
|y_3| = k\left[3m\cos\left(\theta-\dfrac{\pi}{6}\right) + d_s - 1\right] \\[2mm]
|y_4| = k\left[3\sqrt{3}\,m\sin\left(\theta-\dfrac{\pi}{6}\right) + 1 - d_s\right] \\[2mm]
|y_5| = k\left[3m\cos\left(\theta-\dfrac{\pi}{6}\right) + d_s - 1\right] \\[2mm]
|y_6| = k\left[3(1-d_s) - 3m\cos\left(\theta-\dfrac{\pi}{6}\right)\right]
\end{cases}
\tag{2.15}
$$

为了在一个合理区间内分析电流纹波,均认为 Z 源逆变器工作在升压模式,并且满足 $d_s < 0.31$ ($m > 0.69$)。

从式(2.14)及式(2.15)中可以看出:$|y_1| = |y_6|$,$|y_2| = |y_5|$,$|y_1'| = |y_4'|$,$|y_2'| = |y_3'|$。在同样的相角 θ 时,$|y_2'| > |y_1'|$,$|y_2'| > |y_2|$;当 $0 < \theta \leqslant \dfrac{\pi}{6}$ 时,$|y_3| > |y_1|$;而当 $\dfrac{\pi}{6} < \theta \leqslant \dfrac{\pi}{3}$ 时,$|y_4| > |y_1|$。也就是说,在 $|y_1| \sim |y_6|$ 和 $|y_1'| \sim |y_4'|$ 中,最大值为 $|y_3|$、$|y_4|$ 或 $|y_2'|$,SVM6 和 SVM4 瞬时电感电流纹波如图2.8所示。

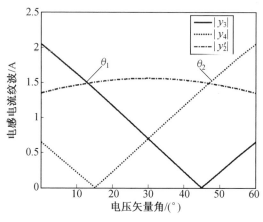

图 2.8 SVM6 和 SVM4 瞬时电感电流纹波

在图 2.8 中可以看出,当 $|y_3| = |y_2'|$ 时,$\theta_1 = \arcsin\dfrac{1-d_s}{6m}$;而当 $|y_4| =$

$|y_2'|$ 时，$\theta_2=\dfrac{\pi}{3}-\arcsin\dfrac{1-d_s}{6m}$。在 $0\leqslant\theta<\theta_1$ 和 $\theta_2<\theta\leqslant\dfrac{\pi}{3}$ 时，SVM4 控制时的电感电流纹波要大于 SVM6，而在区间 $\theta_1\leqslant\theta\leqslant\theta_2$ 内，结论是相反的。考虑整个相角区间，在以下区间内 SVM6 的电感电流纹波是小于 SVM4 的：

$$\frac{n\pi}{3}-\arcsin\frac{1-d_s}{6}\leqslant\theta\leqslant\frac{n\pi}{3}-\arcsin\frac{1-d_s}{6},\quad n=0,1,\cdots,5 \qquad (2.16)$$

SVM6 的最大纹波量为 $|y_3|(\theta=0°)$ 和 $|y_4|(\theta=60°)$，这可以从图 2.8 中看出。故可推导出 SVM6 的最大电感电流纹波为

$$\Delta i_{L-\text{SVM6max}}=2k\left(1-d_s+\frac{3}{2}\sqrt{3}\,m\right) \qquad (2.17)$$

同理，SVM4 的最大纹波量为 $|y_2'|$ 和 $|y_3'|(\theta=30°)$，其最大电感电流纹波为

$$\Delta i_{L-\text{SVM4max}}=6mk \qquad (2.18)$$

显然，$\Delta i_{L-\text{SVM4max}}<\Delta i_{L-\text{SVM6max}}$。

如果按照下述参数设计 Z 源逆变器：直流输入侧电压 $U_{in}=50$ V；开关频率 $f_s=10$ kHz；Z 源网络电感 $L=600\ \mu$H，电容 $C=100\ \mu$F，负载电阻 $R_L=10\ \Omega$，电感 $L_L=1.15$ mH；调制因子 $m=0.6$。可以得到图 2.9 所示的不同 SVM 策略下的电感电流纹波，它随着直通占空比和电压矢量角的变化而变化。SVM6 调制方式下的电感电流纹波最大值出现在 $\theta=0°$ 处，而应用 SVM4 调制方式时，纹波最大值出现在 $\theta=30°$ 处。

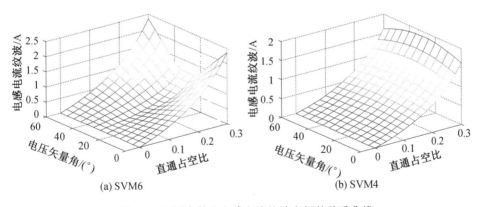

图 2.9　不同参数和电感电流纹波之间的关系曲线

如上所述,在 SVM 调制下,Z 源逆变器电感电流纹波与电压矢量相角 θ 相关。由式(2.15)可以看出,有效矢量作用时间 T_1 和 T_2 随着 θ 的变化而变化。同时,电感电流纹波的最大值也随着 θ 变化,如图 2.10 所示。

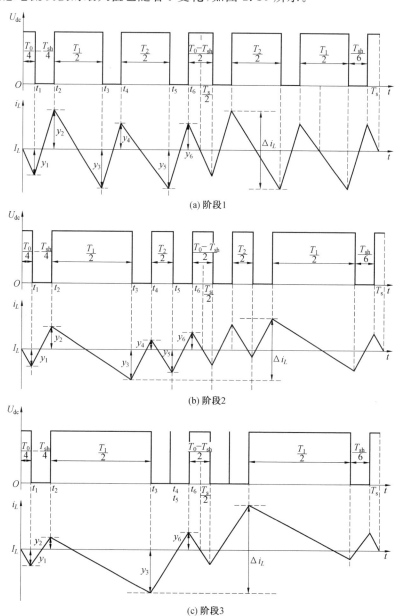

图 2.10　SVM6 控制时直流链电压和电感电流波形

阶段 1~3 对应的是随着 θ 逐步减小情形下的电感电流。由图 2.10 可以看出，随着 θ 减小，电感电流纹波的最大值逐渐增加。由图 2.10（c）可以看出，当 $\theta = 0°$ 并且 $T_2 = 0$ 时，电感电流纹波达到最大值。值得注意的是，图 2.10 中所有的阶段在一个完整的负载周期中都要循环出现。

由图 2.9 及式（2.9）和式（2.10）可知，SVM4 策略下产生的最大电感纹波比 SVM6 更小。在平均电流和电感量一定的情况下，电流纹波越小，电感体积就越小，应用 SVM4 策略更有利于减小电感体积。

2.4　应用举例

在 Z 源变换器设计过程中，电感电流纹波分析主要应用于两大方面——电感量选择和功率开关管电流规格选取。本章提出的电流纹波分析方法适用于所有的 Z 源逆变器及其衍变拓扑，且适用于大中小型功率变换器，只要是利用桥臂直通/非直通状态切换来实现升压的变换器，均可用本章提出的电感电流纹波计算方法给予分析。

定义电感电流峰值 $i_{L\max}$ 为

$$i_{L\max} = I_L + \frac{1}{2}\Delta i_L \tag{2.19}$$

其大小受到电感电流纹波的影响，当电流纹波增大时，为避免饱和，就要增加电感的磁芯体积和线圈半径，增大电感体积和质量，一般对电感电流纹波的大小有所要求。在 SPWM 和 SVM4 调制方式下，电感电流纹波和电感量的关系为

SPWM 调制时

$$L = \frac{(1-d_s)\,U_{in}d_sT_s}{2(1-2d_s)\Delta i_L} \tag{2.20}$$

SVW4 调制时

$$L = \frac{md_sU_{in}}{2f(1-2d_s)\Delta i_L} \tag{2.21}$$

由电流纹波允许的最大值就可以反推出允许的最小电感量，应用于实际电感设计。

需要指出的是，在其他条件一定的情况下，小电感产生的电流纹波大，大电感产生的电流纹波小。而电感量小，电感的体积却不一定小，其体积大小取决于电感体积系数 $Li_{L\max}^2$，也就是电感量与峰值电流平方的乘积。以本章实验采用的数据，在输入电压为 50 V、直通占空比为 0.2 的情况下，体积系数 k_v 与电感量的

数学关系进一步可表示为

$$k_v = L \times \left[I_L + \frac{m d_s U_{in}}{4 L f (1 - 2 d_s)} \right]^2 \tag{2.22}$$

由上式可以看出,电感的体积系数和电感量的关系是非线性函数,其函数曲线如图 2.11 所示,最小体积区域是在 0.2 mH 附近。

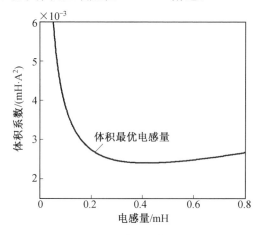

图 2.11　电感量与体积系数

从图中可以看出,体积系数关于电感量是一个非线性曲线。如果电感量选定值在 0.1 mH 以下,将会导致很大的电感体积,从其体积方面来看使用很小的电感量没有益处。另外,过小的电感值会产生很大的电流纹波,而纹波很大时,电感的磁芯处于双向磁化状态,磁滞回线交替变化,磁芯损耗很大。从体积最优角度,电感量应该在 0.2 mH 附近选定。当然,实际选择过程中还要结合器件电流应力、功率损耗及动态要求等综合考虑。

另外,电感电流纹波间接地影响了主电路开关管的电流应力,最终影响了开关管电流定额的选取。按桥臂直通数目,Z 源逆变器直通方式可以分为单相、两相和三相直通。以下以 SPWM 调制下实现的三相直通方式来分析电流纹波对开关管电流定额的影响。

假设直通发生之前逆变器工作于上桥臂开关管全部导通的零状态,此时逆变器电流回路如图 2.12 所示。

直通电流大小由调制比、升压因子、负载功率因数和负载相电流峰值共同决定,在数学关系上是电感电流的 2 倍。直通电流足够大时,6 个开关管均导通,电流回路参考正方向如图 2.13 所示。

假设 IGBT 理想导通压降为 u_{F0},等效电阻为 r_F,则实际导通压降 u_F 为

$$u_F = u_{F0} + ir_F \qquad (2.23)$$

式中　i——流经 IGBT 的电流瞬时值。

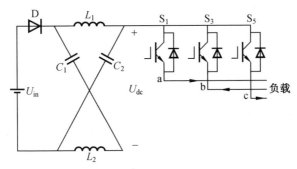

图 2.12　上管全部导通的零状态

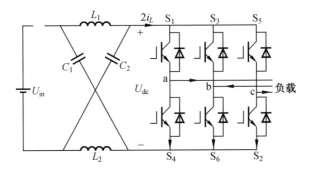

图 2.13　六开关管导通直通模式

直通发生时,三相桥臂并联,各桥臂承受的电压值相等,即

$$u_{F0} + ri_{s_1} + u_{F0} + ri_{s_4} = u_{F0} + ri_{s_3} + u_{F0} + ri_{s_6} = u_{F0} + ri_{s_5} + u_{F0} + ri_{s_2} \qquad (2.24)$$

根据图中电流参考方向,列写基尔霍夫电流方程,有

$$\begin{cases} 2i_L = i_{s_1} + i_{s_3} + i_{s_5} \\ i_{s_1} = i_{s_4} + i_a \\ i_{s_3} = i_{s_6} + i_b \\ i_{s_5} = i_{s_2} + i_c \end{cases} \qquad (2.25)$$

得到流经开关管的电流表达式为

$$\begin{cases} i_{s_x} = \dfrac{2}{3} i_L + \dfrac{1}{2} i_m \\ i_{s_y} = \dfrac{2}{3} i_L - \dfrac{1}{2} i_m \end{cases} \qquad (2.26)$$

式中　$x = 1, 3, 5$,对应 $m =$ a, b, c;

　　　$y = 2, 4, 6$,对应 $m =$ a, b, c。

由式(2.24)得到开关管承受的电流应力峰值为

$$i_{\max} = \frac{2}{3}\left(I_L + \frac{1}{2}\Delta i_L\right) + \frac{1}{2}\hat{i}_{\mathrm{ph}} \tag{2.27}$$

由式(2.25)可知,电感电流纹波影响了开关管电流应力峰值,最终影响了开关管的选择。在 Z 源网络电感设计过程中,要控制电感电流纹波在合理的范围之内,使得其相对于其他电流成分而言较小,减少对功率开关管的影响。

2.5　仿真和实验验证

为了验证本章所提出的电感电流纹波理论的正确性,进行了 Matlab/simulink 仿真和实验分析。搭建的 Z 源逆变器实验平台实物照片如图 2.14 所示。

仿真和实验时取相同的参数,具体为:直流输入侧电压 100 V;开关频率 10 kHz;Z 源网络电感 1 mH,电容 550 μF;采用阻感负载,负载电阻 10 Ω,电感 1.15 mH,分别进行 SPWM 和 SVPWM 调制时电感电流纹波的相关验证。

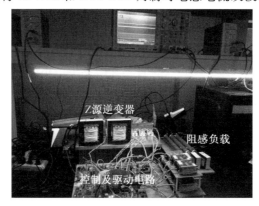

图 2.14　Z 源逆变器实验平台

SPWM 调制时的相关仿真和实验波形分别如图 2.15 及图 2.16 所示,设置调制比 $m = 0.8$,直通占空比 $d_s = 0.2$。仿真和实验结果中从上至下依次是直流链电压波形、电感电流波形和负载电流波形。

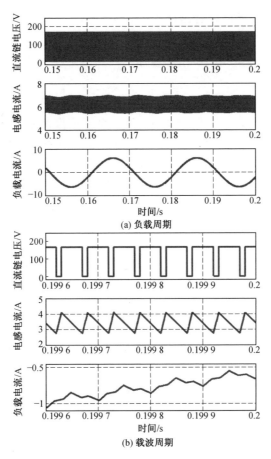

(a) 负载周期

(b) 载波周期

图 2.15　SPWM 方案的仿真波形

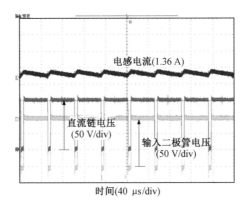

图 2.16　SPWM 方案的实验波形

由仿真和实验波形可以看出,SPWM调制时,电感电流纹波恒定,稳态时不存在低频脉动。在当前参数下,计算电感电流纹波值为1.3 A,仿真值为1.28 A,实验值为1.36 A。仿真和实验结果与理论计算值基本一致,验证了理论分析的正确性。

图2.17和图2.18分别展示了SVM6和SVM4控制时的仿真波形,设置调制比$m = 0.69$,直通占空比$d_s = 0.25$。从上至下依次是直流链电压波形、电感电流波形和负载电流波形。仿真结果说明,两种调制方式下,直流链电压及负载电流幅值和周期均相同,说明两类仿真是在负载工况相同的情形下进行的,但是两种调制方式下电感电流纹波最大值不同。在SVM调制方式下,随着电压矢量角的变化,电感电流纹波呈现出了不同的形状,其峰峰值也随着电压矢量角的变化而变化。

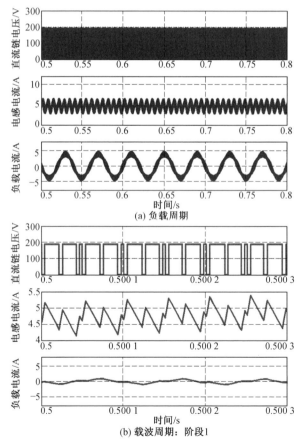

图 2.17　SVM6 方案的仿真波形

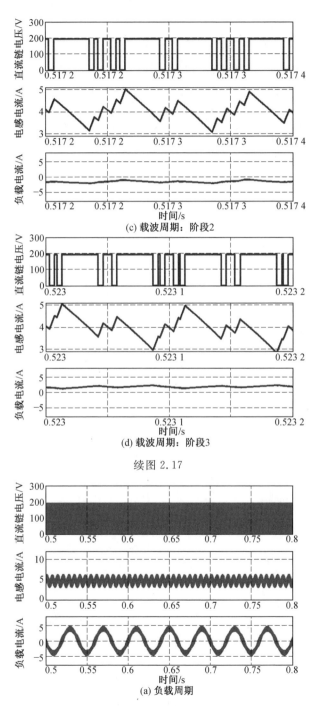

(c) 载波周期：阶段2

(d) 载波周期：阶段3

续图 2.17

(a) 负载周期

图 2.18　SVM4 方案的仿真波形

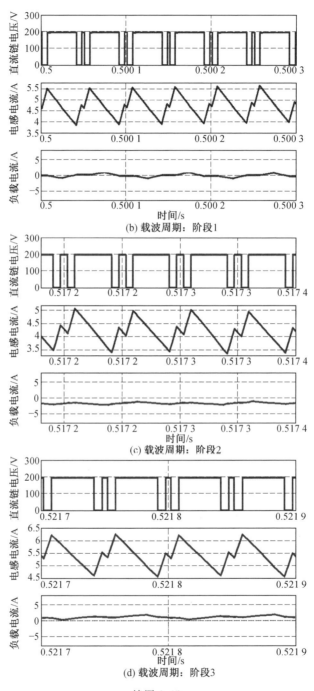

(b) 载波周期：阶段1

(c) 载波周期：阶段2

(d) 载波周期：阶段3

续图 2.18

图 2.19 和图 2.20 分别是 SVM6 和 SVM4 控制时的实验波形。实验采用的参数与仿真情形一致,两种调制方式下输入电压和负载工况是一样的。实验采集直流链电压和电感电流波形,在载波周期时间刻度下读取电感电流纹波的瞬时值。

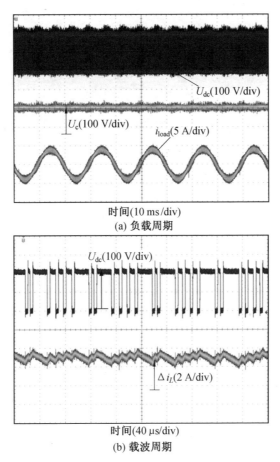

时间(10 ms/div)

(a) 负载周期

时间(40 μs/div)

(b) 载波周期

图 2.19　SVM6 方案的实验波形

　　由实验波形可以看出,在 SVM6 调制方式下,一个载波周期内直通时间被均分成 6 份,电感电流平均值为 4.7 A。而 SVM4 方式下,在一个载波周期内直通时间被均分成 4 份,如图 2.20(b)所示,电感电流的平均值也为 4.7 A。

　　为了验证分析方法的正确性,进行了相关实验。实验共分为两大组——一组实验采用 SVM6 调制,另一组实验采用 SVM4 调制。两组实验的输入电压和阻感负载均相同,Z 源网络参数也相同,即 Z 源网络电感为 1 mH,Z 源电容为

550 μF。实验中取了 4 组不同的直通占空比,调制因子一直保持为 0.69 不变。实验过程中采集电感电流,在整个负载周期内读取电感电流纹波的最大值,实验结果如图 2.21 所示。由图 2.21 可以看出,在整个负载周期内,SVM4 方式下的最大电感电流纹波比 SVM6 方式下的小。

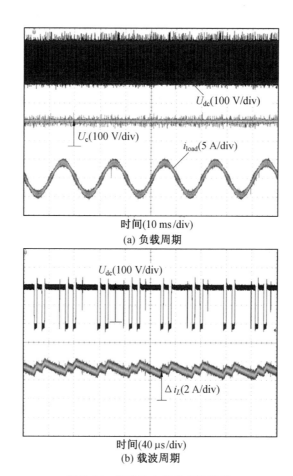

(a) 负载周期

(b) 载波周期

图 2.20　SVM4 方案的实验波形

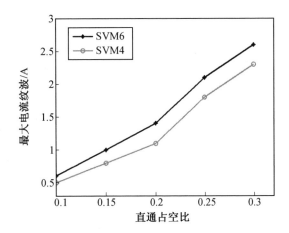

图 2.21　SVM6 和 SVM4 的最大电流纹波对比

本 章 小 结

本章对 Z 源逆变器电感电流纹波进行了分析,主要的相关工作及结论如下:

(1)对三相 Z 源逆变器的工作状态进行了划分,在分析过程中可简化分为直通状态和非直通状态两大类,逆变桥侧可等效为一个恒流源。

(2)给出了 SPWM 调制下电感电流纹波的计算方法,SPWM 调制时电感电流纹波恒定,求取相对较为容易。

(3)提出了 SVM 调制下电感电流纹波的计算方法,SVM 控制下电感电流纹波不恒定,它随着电压矢量相位的变化而变化,并在某些角度处取得最大值,相对于 SVM6、SVM4 策略下产生的最大电感纹波更小。

(4)建立了电流纹波、电感值和电感器体积系数的关系,可用于指导 Z 源网络电感的设计。

第 3 章

Z 源网络电容选型

本章首先对双向 Z 源逆变器的工作模式进行定义,在不同工作模式下,结合电路拓扑和波形对双向 Z 源逆变器的工作模态进行了分析;并根据不同工作模式下的特点,推导出不同模式下的临界电感值,结合推导出的临界电感值,给出双向 Z 源逆变器设计中电感值的选择建议。其次针对不同电感值下 SPWM 调制和 SVM 调制方法下的电容电压纹波表达式进行推导和分析,得出不同工作条件下电容电压纹波的线性化求取方法。最后通过仿真和实验的方法进行验证,证明得出结论的正确性。

3.1　工作模式定义

传统 Z 源逆变器按照电感电流可分为连续电流模式(CCM)和断续电流模式 (DCM),也就是不正常工作模式。双向 Z 源逆变器由于通过输入侧反并联开关管提供了电流的反向通路,所以电路始终工作于 CCM。同时,按照电感的不同取值,双向 Z 源逆变器可以工作于电感完全供能模式（CIEM）、电感不完全供能模式（IIEM）、直流源电流过零模式(ZPCM)、直流源电流非过零模式（NPCM）、电感电流过零模式(ZICM)和电感电流非过零模式（NICM）。具体的工作模式及相应的临界电感值在后面详细分析。

一般认为,Z 源电感取值很大时,电容的电压纹波与电感值无关。电容在直通时放电,在非直通时充电。但是,当电感取值较小时,电容的电压纹波是与电感值相关的。2006 年,文献[41]证明了在小电感情况下,Boost 变换器的电容电压纹波和电感量具有相关性,并给出了此时电容电压纹波的分析思路。Z 源逆变器实现升压是由电感电容的充放电控制的,小电感情况下电容电压纹波和电感量仍然具有相关性。Rajakaruna 等分析了小电感和小电容状态下 Z 源逆变器的电容电压纹波呈现的非线性。在这种情况下,电容在非直通时存在充、放电两种状态,电容的电压纹波受电感影响。此时如果仍然按照传统的计算方法计算电容电压纹波,误差会很大。与传统方法相比,本书提出的计算方法具有更高的精确度。

考虑本章涉及的工作模式英文缩写较多,现将所有的工作模式及其对应的英文名称列写出来,见表 3.1。

表 3.1　工作模式命名

简称	英文全称	中文全称
CCM	Continuous Current Mode	连续电流模式
DCM	Discrete Current Mode	断续电流模式
CIEM	Complete Inductor Energy-supplying Mode	电感完全供能模式
IIEM	Incomplete Inductor Energy-supplying Mode	电感不完全供能模式
ZPCM	Zero-crossing Input Current Mode	直流源电流过零模式
NPCM	Non-zero-crossing Input Current Mode	直流源电流非过零模式
ZICM	Zero-crossing Inductor Current Mode	电感电流过零模式
NICM	Non-zero-crossing Inductor Current Mode	电感电流非过零模式

3.2　双向 Z 源逆变器工作模式分析

3.2.1　NICM 和 ZICM

按照电感电流是否过零可以分为 NICM 和 ZICM。在 NICM 下,电感电流一直为正,而在 ZICM 下,电感电流有正有负。

1. NICM 模式

当 Z 源逆变器工作于 NICM 时,按照电感电流的最小值与直流链电流最大值的比较,可将其进一步分为 CIEM 和 IIEM。

在 CIEM 下,电感电流最小值大于直流链电流最大值。Z 源逆变器处于非直通状态期间,电感为负载和电容提供能量。以下标 max 和 min 分别表示最大、最小值,电容电压增长的波形如图 3.1 所示。

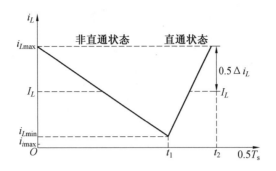

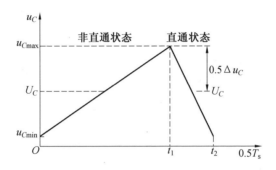

图 3.1   双向 Z 源逆变器的 NICM－CIEM

注：i_L 为电感电流瞬时值；I_L 为电感电流平均值；u_C 为电容电压瞬时值；U_C 为电容电压平均值；i_i 为直流链电流；Δi_L 为电感电流纹波；Δu_C 为电容电压纹波

一个开关周期内有 2 种工作状态，如图 3.2 所示。

IIEM 下，电感电流最小值小于直流链电流最大值。Z 源逆变器处于非直通状态期间，$0 \sim t_1$ 时间段内，电感先为负载和电容提供能量。当电感电流下降至直流链电流最大值后，即在 t_1 时刻，电感和电容同时为负载提供能量，电容由被充电转为放电，电压由上升转变为下降（$t_1 \sim t_2$ 时间段内），如图 3.3 所示。

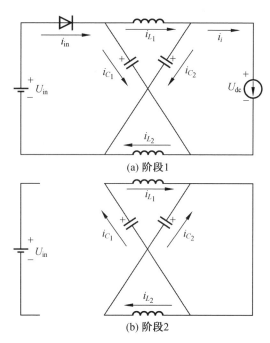

(a) 阶段1

(b) 阶段2

图 3.2　NICM－CIEM 下的工作状态

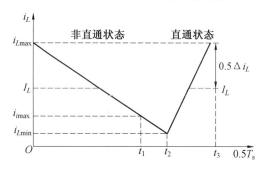

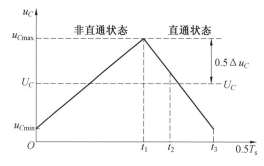

图 3.3　双向 Z 源逆变器的 NICM－IIEM

一个开关周期内有 3 种工作状态,如图 3.4 所示。

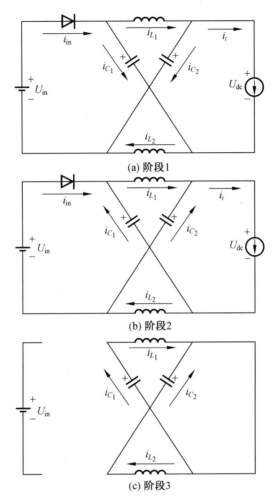

(a) 阶段1

(b) 阶段2

(c) 阶段3

图 3.4　NICM－IIEM 下的工作状态

2. ZICM

采用小电感时,电感电流将会过零。在这种情况下,双向 Z 源逆变器工作于 ZICM(图 3.5)。

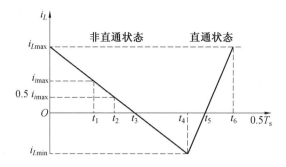

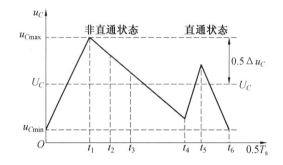

图 3.5　双向 Z 源逆变器的 ZICM

这种情形下,电感电流最小值小于直流链电流最大值。这意味着当系统处于 ZICM 时它一定也工作在 IIEM。一个开关周期内共有 6 种工作状态,如图 3.6 所示。

第 1 阶段($0 \sim t_1$;图 3.6(a)),Z 源逆变器工作于非直通状态。电感不仅给负载提供能量,同时给 Z 源网络电容充电,电容电压上升。这一阶段一直持续到电感电流下降至直流链电流最大值。

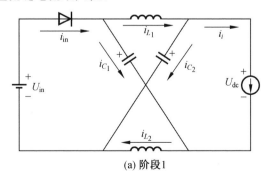

(a) 阶段1

图 3.6　ZICM 下的工作状态

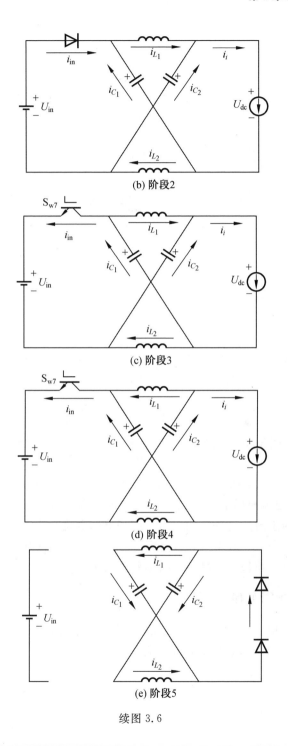

(b) 阶段2

(c) 阶段3

(d) 阶段4

(e) 阶段5

续图 3.6

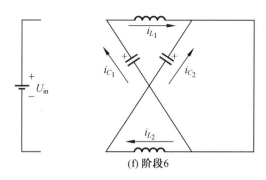

(f) 阶段6

续图 3.6

第 2 阶段 ($t_1 \sim t_2$；图 3.6(b)），电感电流最小值小于直流链电流最大值。电感和电容同时给负载提供能量，电容电压下降。这一阶段一直持续到电感电流下降至直流链电流最大值的一半。

第 3 阶段 ($t_2 \sim t_3$；图 3.6(c)），电感电流最小值小于直流链电流最大值的一半。此时输入侧二极管的反并联开关管 S_{w7} 开通，输入侧电流反向流动至直流电源。电感和电容同时给负载提供能量，电容电压继续下降。这一阶段一直持续到电感电流下降至 0。

第 4 阶段 ($t_3 \sim t_4$；图 3.6(d)），电感电流反向流动。电感和电容同时给负载提供能量，Z 源网络电容电压进一步下降。这一阶段一直持续到非直通状态结束。

第 5 阶段 ($t_4 \sim t_5$；图 3.6(e)），Z 源逆变器工作于直通状态。由于电感电流不能突变，所以电流将沿着逆变器开关管的反并联二极管续流。电感给电容充电导致电容电压上升。这一阶段一直持续到电感电流为 0。

第 6 阶段 ($t_5 \sim t_6$；图 3.6(f)），电容给电感充电。电感电流由 0 逐渐上升，电容电压下降。这一阶段一直持续到直通状态结束。

3.2.2 NPCM 和 ZPCM

按照直流源电流是否过零，Z 源逆变器的工作模式又可以分为 NPCM 和 ZPCM。在 NPCM 下，直流源电流一直为正；而在 ZPCM 下，直流源电流有正有负。

3.3　不同模式下的临界电感值

在 CIEM 下,电感电流的最小值大于直流链电流最大值,功率因数大于 0.67 时,也就是负载相电流峰值时,有

$$i_{L\min}=I_L-\frac{1}{2}\Delta i_L\geqslant\hat{i}_{\text{ph}} \tag{3.1}$$

式中　Δi_L——电感电流纹波;

　　$\hat{i}_{\text{ph}}$——负载相电流峰值。

电感电流平均值、电流纹波及电容电压满足

$$I_L=\frac{3\hat{u}_{\text{ph}}\hat{i}_{\text{ph}}\cos\varphi}{2U_{\text{in}}} \tag{3.2}$$

$$\Delta i_L=\frac{U_C d_s}{2Lf_s} \tag{3.3}$$

式中　$\hat{u}_{\text{ph}}$——负载相电压峰值;

　　$\cos\varphi$——负载功率因数;

　　L——Z 源网络电感值;

　　f_s——开关频率。

由式(3.1)~(3.3)得到 CIEM 的临界电感值为

$$L_c\geqslant\frac{U_{\text{in}}U_C d_s}{2(3\hat{u}_{\text{ph}}\cos\varphi-2U_{\text{in}})\hat{i}_{\text{ph}}f_s} \tag{3.4}$$

直流电源侧电流保持为正的条件为

$$I_L-\frac{1}{2}\Delta i_L\geqslant\frac{\hat{i}_{\text{ph}}}{2} \tag{3.5}$$

把式(3.2)和式(3.3)代入式(3.5),得到 NPCM 的临界电感值为

$$L_k\geqslant\frac{U_{\text{in}}U_C d_s}{2(3\hat{u}_{\text{ph}}\cos\varphi-U_{\text{in}})\hat{i}_{\text{ph}}f_s} \tag{3.6}$$

电感电流保持为正的条件为

$$I_L-\frac{1}{2}\Delta i_L\geqslant0 \tag{3.7}$$

把式(3.2)和式(3.3)代入式(3.7),得到 NICM 模式的临界电感值为

$$L_m\geqslant\frac{U_{\text{in}}U_C d_s}{6\hat{u}_{\text{ph}}\hat{i}_{\text{ph}}\cos\varphi f_s} \tag{3.8}$$

图 3.7 示意了不同工作模式下的临界电感值。虽然大的电感值能够产生更

小的电容电压纹波,但是过大的电感值会明显增加控制器的质量和体积。如果电感量很小,就会显著增大开关器件的电流应力。对于双向 Z 源设计中的电感量,应该取 $L_m \sim L_c$ 之间为合适。

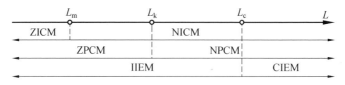

图 3.7　不同模式下的临界电感值

3.4　SPWM 控制电容电压纹波分析

3.4.1　CIEM 下的电容电压纹波

当 $L > L_c$ 时,Z 源逆变器工作于 CIEM。直通时,电容给电感充电;非直通时,电感给电容充电。电容电压纹波与电感值无关,其表达式为

$$\Delta U_{C_1} = \frac{I_L d_s T_s}{2C} \tag{3.9}$$

式中　C——Z 源网络电容值。

3.4.2　IIEM 下的电容电压纹波

在 IIEM 下,电感电流有过零和不过零两种情况,分别命名为 IIEM－ZICM 和 IIEM－NICM。

(1) 在 IIEM－NICM 下,电感电流和电容电压波形如图 3.3 所示。非直通状态刚开始时,电感给负载提供能量,同时给电容充电。当电感电流下降至直流链电压最大值时,电感和电容同时为负载提供能量。这种情况下,电感电流呈线性下降,即

$$i_L(t) = i_{L\max} - \frac{U_C - U_{in}}{L}t \tag{3.10}$$

电容的充电电流 i_C 为

$$i_C(t) = i_L(t) - i_i \tag{3.11}$$

电感电流下降至直流链电流时所用的时间为

$$t = \frac{i_{L\max} - i_i}{U_C - U_{in}}L \tag{3.12}$$

电容电压纹波可表达成

$$\Delta U_{C_2} = \frac{1}{C} \int_0^t i_C \, \mathrm{d}t \tag{3.13}$$

考虑式(3.2)和式(3.3)以及式(3.10)～(3.12)，电容电压纹波也可以表达成

$$\Delta U_{C_2} = \frac{1 - 2d_s}{2d_s C U_{\mathrm{in}}} \left(\frac{3\hat{u}_{\mathrm{ph}} \hat{i}_{\mathrm{ph}} \cos\varphi}{2U_{\mathrm{in}}} + \frac{U_C d_s}{4L f_s} - i_i \right) L \tag{3.14}$$

对上式中 L 求导有

$$\frac{\partial \Delta U_{C_2}}{\partial L} = \frac{1 - 2d_s}{2d_s C U_{\mathrm{in}}} \left[A^2 - \left(\frac{U_C d_s}{4L f_s} \right)^2 \cdot \frac{1}{L^2} \right] \tag{3.15}$$

式中 $A = \dfrac{3\hat{u}_{\mathrm{ph}} \hat{i}_{\mathrm{ph}} \cos\varphi}{2U_{\mathrm{in}}} - i_i$。

令 $\dfrac{\partial \Delta U_{C_2}}{\partial L} = 0$，则 $L = \dfrac{U_C d_s}{4A f_s} = \dfrac{U_{\mathrm{in}} U_C d_s}{2(3\hat{u}_{\mathrm{ph}} \hat{i}_{\mathrm{ph}} \cos\varphi - 2U_{\mathrm{in}} i_i) f_s}$。

当 Z 源逆变器的直流链电流等于负载相电流峰值，即当 $i_i = \hat{i}_{\mathrm{ph}}$ 时，$L = \dfrac{U_{\mathrm{in}} U_C d_s}{2(3\hat{u}_{\mathrm{ph}} \cos\varphi - 2U_{\mathrm{in}}) \hat{i}_{\mathrm{ph}} f_s} = L_c$；而当 $L < L_c$ 时，$\dfrac{\partial \Delta U_{C_2}}{\partial L} < 0$。说明随着 L 值的增大，电容电压纹波幅值逐渐减小，并在 $L = L_c$ 处取得极小值。

为了简化计算，将交流侧看成是恒流源，即

$$i_i = I_i = \frac{1 - 2d_s}{1 - d_s} I_L \tag{3.16}$$

当 ΔU_C 取最大值时，充电时间 t 将取最小值。这样，式(3.12)可重新整理成

$$t = \frac{i_{L\max} - \hat{i}_{\mathrm{ph}}}{U_C - U_{\mathrm{in}}} L \tag{3.17}$$

$$\begin{aligned}
\Delta U_{C_2} &= \frac{1}{C} \int_0^{\frac{i_{L\max} - \hat{i}_{\mathrm{ph}}}{U_C - U_{\mathrm{in}}} L} \left(i_{L\max} - \frac{U_C - U_{\mathrm{in}}}{L} t - I_i \right) \mathrm{d}t \\
&= \frac{L}{C} \cdot \frac{\left(I_L + \dfrac{d_s T_s}{4L} U_C - \hat{i}_{\mathrm{ph}} \right) \left(\dfrac{3d_s - 1}{1 - d_s} I_L + \dfrac{d_s T_s}{4L} U_C + \hat{i}_{\mathrm{ph}} \right)}{\dfrac{2d_s}{1 - 2d_s} U_{\mathrm{in}}}
\end{aligned} \tag{3.18}$$

当 $L = L_c$ 时，$\Delta U_{C_1} = \Delta U_{C_2}$。

(2) 在 IIEM－ZICM 下，电感电流和电容电压波形如图 3.5 所示。最大电容电压纹波产生于 $0 \sim t_1$ 时刻，此时电感向负载和电容提供能量。此种情况下的电容电压纹波表达式和 IIEM－NICM 时的一致。

最终,电容电压纹波表达式为

$$\Delta U_C = \begin{cases} \dfrac{I_L d_s T_s}{2C}, & L \geqslant L_c \\[4mm] \dfrac{L}{C} \cdot \dfrac{\left(I_L + \dfrac{d_s T_s}{4L}U_C - \hat{i}_{ph}\right)\left(\dfrac{3d_s - 1}{1 - d_s}I_L + \dfrac{d_s T_s}{4L}U_C + \hat{i}_{ph}\right)}{\dfrac{2d_s}{1 - 2d_s}U_{in}}, & L < L_c \end{cases}$$

$$(3.19)$$

3.5 SVM 控制电容电压纹波分析

前述给出了基于简单 SPWM 的不同电感值下的电容电压纹波计算方法,但对于 SVM 控制下的 Z 源网络电容电压纹波没有涉及。不同调制策略下产生的纹波是不同的,SVM 控制的电容电压纹波随着电压矢量相位的变化而变化,相对于 SPWM 控制,其求解更为复杂且少见于文献报道。

3.5.1 $L > L_c$ 时的电容电压纹波

当 $L > L_c$ 时,直通时电容给电感充电;非直通时电感给电容充电。电容电压纹波与电感值无关,如图 3.8 所示。

在直通状态时,Z 源网络电容放电电流全部流向电感,即

$$i_C = -I_L \tag{3.20}$$

零状态时,电感被电容充电,其充电电流就等于电感电流,即

$$i_C = I_L \tag{3.21}$$

有效状态时,为了简化计算,认为变换器在工作于相邻两个有效状态时,从直流链流向逆变桥的电流 I_i 是相等的,即

$$i_C = I_L - I_i \tag{3.22}$$

由以上分析可以得出:电容在传统零状态和直通状态时的充放电速率要比在有效状态时的充电速率快。结合波形的中心对称性,一个载波周期内的其他时刻的电压纹波均与 y_1 或 y_2 相同,电容电压纹波的瞬时值 $y_x(x=1, 2)$ 可由下式计算得到:

$$\begin{cases} y_1 = \dfrac{I_L}{C}t_1, & t_1 = \dfrac{T_0}{4} - \dfrac{T_{sh}}{4} \\[3mm] y_2 = y_1 - \dfrac{I_L}{C}(t_2 - t_1), & t_2 = t_1 + \dfrac{T_{sh}}{4} \end{cases}$$

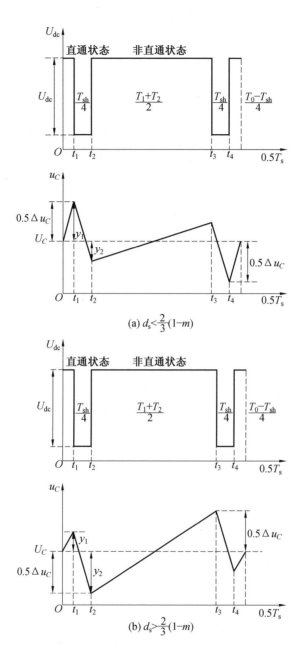

(a) $d_s < \dfrac{2}{3}(1-m)$

(b) $d_s > \dfrac{2}{3}(1-m)$

图 3.8　$L > L_c$ 时 SVM 控制下电容电压纹波

Z源变换器及其在新能源汽车领域中的应用

同电感电流纹波的分析思路类似,容易得出当 $d_s < \frac{2}{3}(1-m)$ 时,在 $\theta=0°$ 及 $60°$ 处产生最大电压纹波,即

$$\Delta u_C = 2\max|y_1| = \frac{I_L T_s}{2C}\left(1-d_s-\frac{\sqrt{3}}{2}m\right)$$

而当 $d_s > \frac{2}{3}(1-m)$ 时,在 $\theta=30°$ 处产生最大电压纹波,即

$$\Delta u_C = 2\max|y_2| = \frac{I_L T_s}{2C}(-1+2d_s+m)$$

得到的电容电压纹波表达式为

$$\Delta u_C = \begin{cases} \frac{I_L T_s}{2C}\left(1-d_s-\frac{\sqrt{3}}{2}m\right), & d_s < \frac{2}{3}(1-m) \\ \frac{I_L T_s}{2C}(-1+2d_s+m), & d_s > \frac{2}{3}(1-m) \end{cases} \tag{3.23}$$

3.5.2 $L < L_c$ 时的电容电压纹波

当 $L < L_c$ 时,非直通时电容先被电感充电,而后向负载侧放电。电容电压纹波与电感值相关,最大值出现在 t_3 时刻,如图3.9所示。

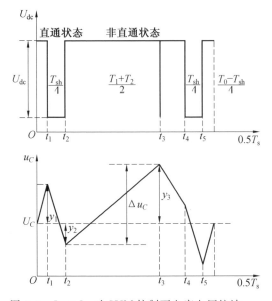

图 3.9 $L < L_c$ 时 SVM 控制下电容电压纹波

在 t_2 时刻,非直通状态刚开始,电感电流近似线性下降,即

066

$$i_L(t) = i_{L\max} - \frac{U_C - U_{\text{in}}}{L} t \tag{3.24}$$

当电感电流下降至直流链电流的最大值，即 $i_L = \hat{i}_{\text{ph}}$ 时，有

$$t = \frac{i_{L\max} - \hat{i}_{\text{ph}}}{U_C - U_{\text{in}}} L \tag{3.25}$$

电容电压纹波瞬时值为

$$\Delta u_C = \frac{1}{C} \int_0^t \left[i_L(t) - i \right] \mathrm{d}t \tag{3.26}$$

有效状态时，直流链电流可简化表示为

$$I_i = \frac{1 - 2d_s}{1 - d_s} I_L \tag{3.27}$$

代入式(3.19)为

$$
\begin{aligned}
\Delta u_C &= \frac{1}{C} \int_0^{\frac{i_{L\max} - \hat{i}_{\text{ph}}}{U_C - U_{\text{in}}} L} \left(i_{L\max} - \frac{U_C - U_{\text{in}}}{L} t - I_i \right) \mathrm{d}t \\
&= \frac{L}{C} \frac{\left[I_L + \dfrac{m d_s U_{\text{in}}}{4 L f_s (1 - 2d_s)} - \hat{i}_{\text{ph}} \right] \left[\dfrac{3 d_s - 1}{1 - d_s} I_L + \dfrac{m d_s U_{\text{in}}}{4 L f_s (1 - 2d_s)} + \hat{i}_{\text{ph}} \right]}{\dfrac{2 d_s}{1 - 2d_s} U_{\text{in}}} \tag{3.28}
\end{aligned}
$$

最终电容电压纹波可表示为

$$
\Delta u_C = \begin{cases}
\dfrac{I_L T_s}{2C} \left(1 - d_s - \dfrac{\sqrt{3}}{2} m \right), & d_s < \dfrac{2}{3}(1 - m) \quad \text{且} \quad L > L_c \\[2mm]
\dfrac{I_L T_s}{2C} (-1 + 2 d_s + m), & d_s > \dfrac{2}{3}(1 - m) \quad \text{且} \quad L > L_c \\[2mm]
\dfrac{L}{C} \dfrac{\left[I_L + \dfrac{m d_s U_{\text{in}}}{4 L f_s (1 - 2d_s)} - \hat{i}_{\text{ph}} \right] \left[\dfrac{3 d_s - 1}{1 - d_s} I_L + \dfrac{m d_s U_{\text{in}}}{4 L f_s (1 - 2d_s)} + \hat{i}_{\text{ph}} \right]}{\dfrac{2 d_s}{1 - 2d_s} U_{\text{in}}}, & L \leqslant L_c
\end{cases} \tag{3.29}
$$

3.6　仿真和实验结果

为验证所提出的电容电压纹波求取方法，搭建了小功率双向 Z 源逆变器实验平台。实验过程中，改变 Z 源网络电感值以使得变换器工作于不同模式下，在不同的模式工作时采集电容电压纹波量予以验证理论计算值。实验过程中，将采集电容电压的示波器探头负向偏移一定的值，以达到最优的观测效果。

1. 验证 SPWM 电容电压纹波与电感值的关系

采用的参数:直流输入电压 30 V,直通占空比 0.25,开关频率 $f_s = 10$ kHz,负载电阻 $R_L = 5$ Ω,电感 $L_L = 1.15$ mH,电容为 100 μF。采用简单控制方式。

把上述参数代入式(3.4)、式(3.6)和式(3.8),可得到临界电感值 $L_c = 502$ μH,$L_k = 105$ μH,$L_m = 56$ μH。图 3.10(a)~(d)和图 3.11(a)~(d)分别是电感 $L_1 = 660$ μH,$L_2 = 100$ μH,$L_3 = 66$ μH,$L_4 = 50$ μH 时电容电压和电感电流的仿真和实验波形。

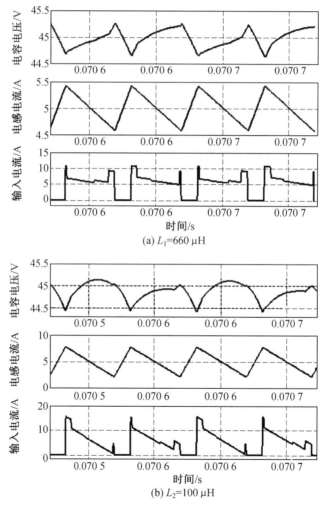

图 3.10 不同电感值时仿真波形

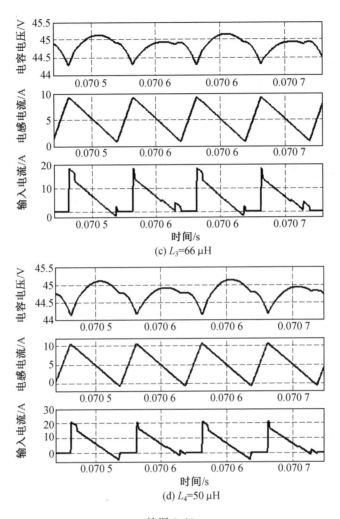

(c) L_3=66 μH

(d) L_4=50 μH

续图 3.10

从图 3.10(a) 和图 3.11(a) 可以看出,当 $L > L_c$ 时,变换器工作于 CIEM－NPCM－NICM。在非直通状态期间,电容被充电,电容电压一直处于上升状态。整个周期内,输入侧电流和电感电流均不过零。从图 3.10(b) 和图 3.11(b) 可以看出,当 $L_k < L < L_c$ 时,变换器工作于 IIEM－NPCM－NICM。在非直通状态期间,电感先被充电后放电。类似地,电容电压先增长后下降。整个周期内,输入侧电流和电感电流均不过零。从图 3.10(c) 和图 3.11(c) 可以看出,当 $L_m < L < L_k$ 时,变换器工作于 IIEM－ZPCM－NICM。在非直通状态期间,电感先放电后被充电,电容电压先增长后下降,输入侧电流和电感电流流动方向不变。从图

3.10(d)和图3.11(d)可以看出,当 $L<L_m$ 时,变换器工作于 IIEM－ZPCM－ZICM。电容电压和电感电流充放电状态与前两种情形下相似。整个周期内,输入侧电流和电感电流均出现过零的情况。

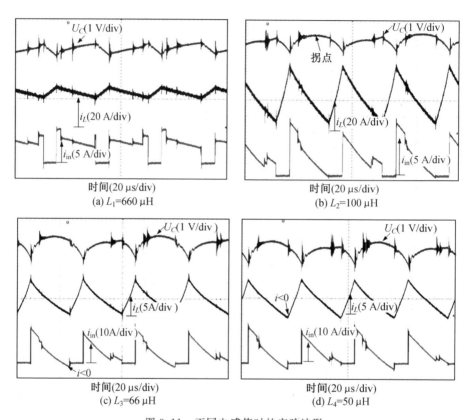

图 3.11　不同电感值时的实验波形

为了验证本章提出的电容电压纹波计算方法的精确性,将电感取多组不同值进行 Matlab/Simulink 仿真和实验,实验结果如图 3.12 所示。从图中可以看出,当 $L>L_c$ 时,电容电压纹波与电感值无关;当 $L<L_c$ 时,电感值越小,电容电压纹波越大。仿真和实验结果相一致,同时验证了理论分析的正确性。

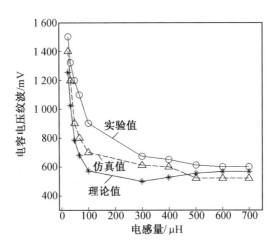

图 3.12　理论和仿真、实验结果对比

2. 验证 SVM 策略下的电容电压纹波以及不同电感值下的纹波计算方法

直流输入侧电压 $U_{in}=40$ V；开关频率 $f_s=10$ kHz；Z 源网络电容 $C=100$ μF；负载电阻 $R_L=5$ Ω，电感 $L_L=1.15$ mH；调制因子 $m=0.6$。

可得到理论关键电感值为 $L_c=230$ μH。图 3.13 和图 3.14 分别是电感 $L_1=502$ μH 和 $L_2=69$ μH 时的直流链电压、电感电流和电容电压的仿真和实验波形。理论计算此时电容电压的最大纹波分别为 0.88 V 和 1.18 V。

从图 3.13(a) 和图 3.14(a) 可以看出，当 $L>L_c$ 时，变换器工作于 CIEM。在非直通状态期间，电容被充电，电压一直处于上升状态。电压纹波仿真值为 0.85 V，实验值为 0.9 V。从图 3.13(b) 和图 3.14(b) 可以看出，当 $L<L_c$ 时，变换器工作于 IIEM。在非直通状态期间，电感先被充电后放电，电容电压先增长后下降。电压纹波仿真值为 1.05 V，实验值为 1.1 V。

为了验证本章提出的电容电压纹波解析式的正确性，将 Z 源网络电感取了多组不同值进行实验和仿真验证，结果如图 3.15 所示。

从图 3.15 可以看出，当 $L>L_c$ 时，电容电压纹波与电感值无关；当 $L<L_c$ 时，电感值越小，电容电压纹波越大，其值可达到数倍于大电感情况下的电压纹波。仿真和实验结果同时验证了本章提出的 SVM 控制下电容电压纹波解析式的正确性。

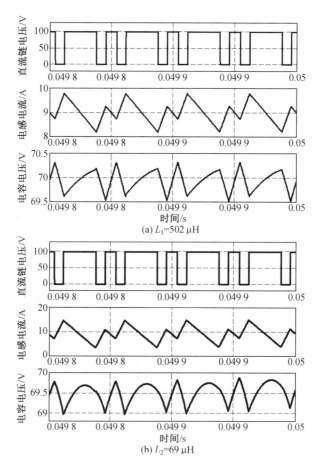

图 3.13　电容电压纹波仿真波形

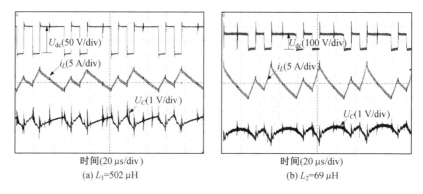

图 3.14　电容电压纹波实验波形

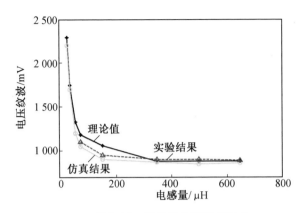

图 3.15　理论和仿真结果对比

本 章 小 结

本章分析了双向 Z 源逆变器临界电感值及电容电压纹波计算方法,主要的工作和结论如下:

(1)按照电感值的大小对双向 Z 源逆变器的工作模式进一步进行了划分,给出了不同模式下的临界电感值及电容、电感的充放电关系。

(2)给出了不同电感值下 SPWM 调制的电容电压纹波的线性化求取方法,SPWM 调制时电感电流纹波恒定,并且存在一个关键电感值,当电感量大于这个值时,电容电压纹波与电感值无关,而小于它时,电容电压纹波与电感值相关。

(3)根据电感值和直通占空比的不同,给出了 SVM 调制的电容电压纹波的线性化求取方法。

第 4 章

传统缓冲电路应用于 Z 源逆变器的问题分析

　　本章详细分析了传统的 C 型、RC 型、RCD 型及 RCD 钳位限幅型缓冲电路在应用于 Z 源逆变器时产生的特殊问题,并指出它们均不适合在 Z 源逆变器上应用。其中 C 型缓冲电路易与主电路杂散电感形成振荡,在桥臂直通时相当于将带电电容直接短路,对开关管的电流冲击极大;而 RC 型、RCD 型以及 RCD 钳位限幅型缓冲电路会产生直流链电压斜坡以及直流链电压值偏高的问题,并且直通时缓冲电路造成的能量损耗很大,降低了系统的效率,增加了缓冲电阻的体积和质量。

4.1　问题描述

在由 IGBT 构成的电压型逆变器中,由于线路杂散电感的存在,在 IGBT 关断和反并联二极管反向恢复过程中会产生浪涌电压。浪涌电压会增大 IGBT 的关断损耗,严重情况下会损坏开关管,一般使用缓冲电路来抑制。常见的缓冲电路有 C 型、RC 型、RCD 型和 RCD 钳位限幅型 4 种,如图 4.1 所示。

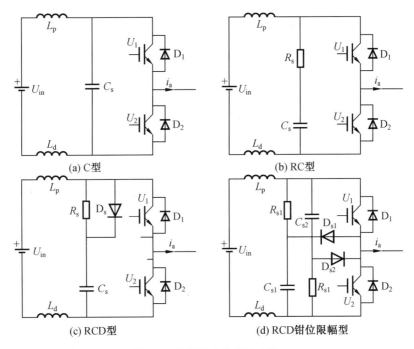

(a) C 型　　　　　　　　　　　(b) RC 型

(c) RCD 型　　　　　　　　(d) RCD 钳位限幅型

图 4.1　传统的 4 种缓冲电路

Z 源逆变器通过桥臂直通和非直通状态的切换,完成电容电感的充放电控制,从而实现其升压目的。但是也正是由于直通状态的存在,改变了缓冲电路的工作状态。针对电压型逆变器设计的缓冲电路研究很多,技术也很成熟,如 RCD 钳位限幅型已在大功率变频器产品中得到了广泛应用,但是针对 Z 源逆变器缓冲电路的研究却不多。

本章详细分析了传统的 C 型、RC 型、RCD 型以及 RCD 钳位限幅型缓冲电路在应用于 Z 源逆变器时产生的特殊问题,指出它们均不适合在 Z 源逆变器上应用。C 型缓冲电路易与主电路杂散电感形成振荡,在桥臂直通时相当于将带电电容直接短路,对开关管的电流冲击极大。RC 型、RCD 型以及 RCD 钳位限幅型缓冲电路会产生直流链电压斜坡以及直流链电压值偏高的问题,并且直通时缓冲电路造成的能量损耗很大。

4.2 C 型缓冲电路应用于 Z 源逆变器时存在的问题分析

图 4.2 为 C 型缓冲电路应用于 Z 源逆变器时的示意图。

C 型缓冲电路应用于 Z 源逆变器中时,当直通状态来临时,相当于将带电电容直接短路,对开关管和电容的电流冲击非常大。直流链电压等级高的情况下甚至会烧毁开关管。并且,在中高功率等级的变换器应用场合,C 型缓冲电路易与主电路杂散电感形成振荡。仿真和实验验证结果如图 4.3 所示。

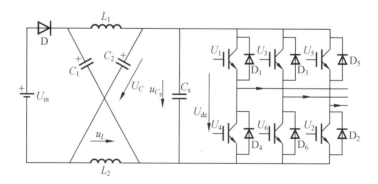

图 4.2 带 C 型缓冲电路的 Z 源逆变器

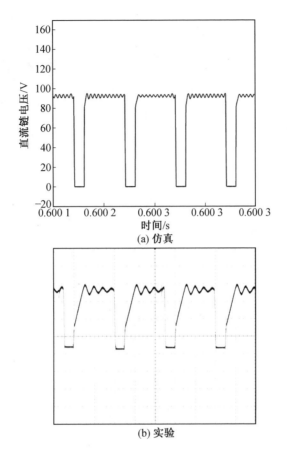

图 4.3　带 C 型缓冲电路时直流链电压仿真和实验波形

4.3　RCD 型缓冲电路应用于 Z 源逆变器时 存在的问题分析

　　RC、RCD 和 RCD 钳位限幅型缓冲电路在工作原理上非常相似,在这里仅分析 RCD 型,其他两种缓冲电路应用于 Z 源逆变器时会产生与 RCD 型相同的问题。RCD 型缓冲电路应用于 Z 源逆变器时会导致直流链电压产生斜坡、直流链电压值偏高和能量损耗大的问题。如图 4.4 所示。

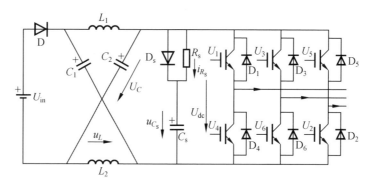

图 4.4　带 RCD 型缓冲电路的 Z 源逆变器

4.3.1　直流链电压产生斜坡

当直通状态来临时,缓冲电容会被迅速放电。在 Z 源逆变器处于直通状态期间,缓冲电容电压会逐渐下降至 $u_{C_s}(0)$。当非直通状态来临时,缓冲电容被充电,直流链电压将从 $u_{C_s}(0)$ 逐渐以斜坡状上升至 $u_{C_s}(\infty)$,如图 4.5 所示。

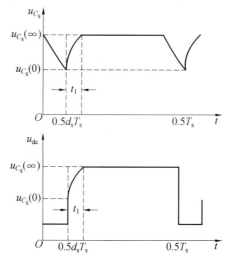

图 4.5　带 RCD 缓冲电路时缓冲电容和直流链电压波形

注:d_s 为直通占空比;T_s 为开关周期;t_1 为缓冲电容充电时间

为了对此进行验证,选择 RCD 缓冲电路应用于 Z 源逆变器,仿真和实验结果如图 4.6 所示。可以看出,由于 RCD 缓冲电路的加入,Z 源逆变器的直流链电压产生了斜坡。

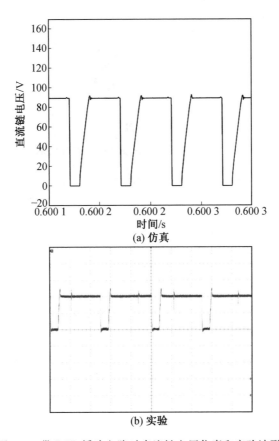

(a) 仿真

(b) 实验

图 4.6　带 RCD 缓冲电路时直流链电压仿真和实验波形

4.3.2　直流链电压值偏高

当 Z 源逆变器带 RCD 缓冲电路时,与不带缓冲电路相比,直流链电压值会偏高。

在 $0 < t < 0.5dT_s$ 时,Z 源逆变器工作于直通状态,Z 源网络电感电压等于电容电压,即

$$u_L = U_C \tag{4.1}$$

假设缓冲电容在非直通状态时的充电时间为 t_1,那么在 $0.5dT_s < t < 0.5dT_s + t_1$ 期间,有

$$u_L = U_C - u_{C_s} \tag{4.2}$$

$$U_{in} = u_L + U_C \tag{4.3}$$

式中　u_{C_s} ——缓冲电容电压;

U_{in}——输入侧电压。

假设缓冲电容在直通状态时放电完毕,即在非直通状态的起始时刻,缓冲电容电压初始值为0,即

$$u_{C_s}(0)=0 \tag{4.4}$$

终值为

$$u_{C_s}(\infty)=2U_C-U_{in} \tag{4.5}$$

联立式(4.4)和式(4.5),缓冲电容的充电时间 t_1 可表示为

$$t_1=\frac{C_s(2U_C-U_{in})}{2I_L} \tag{4.6}$$

式中 C_s——缓冲电容容值;

I_L——电感电流平均值。

缓冲电容在充电时电压表达式为

$$u_{C_s}=\frac{2I_L\left(t-\frac{1}{2}dT_s\right)}{C_s} \tag{4.7}$$

稳态时,电感电压在周期内平均值为0,有

$$U_C\frac{1}{2}d_sT_s+\int_{\frac{1}{2}d_sT_s}^{\frac{1}{2}d_sT_s+t_1}\left[U_C-\frac{2I_L\left(t-\frac{1}{2}dT_s\right)}{C_s}\right]dt+$$

$$(U_{in}-U_C)\left(\frac{1}{2}T_s-\frac{1}{2}d_sT_s-t_1\right)=0 \tag{4.8}$$

在简单控制方式下,电感电流可表示成

$$I_L=\frac{3m^2(2U_C-U_{in})\cos\varphi}{8|Z|(1-2d_s)} \tag{4.9}$$

式中 m——调制系数;

Z——负载阻抗;

$\cos\varphi$——负载功率因数。

把式(4.9)代入式(4.8),可得到 Z 源网络的电容电压表达式为

$$U_C=\frac{(1-d_s)-\dfrac{4|Z|C_s(1-2d_s)}{3m^2\cos\varphi T_s}}{(1-2d_s)-\dfrac{8|Z|C_s(1-2d_s)}{3m^2\cos\varphi T_s}}U_{in} \tag{4.10}$$

直流链电压为

$$U_{dc}=\frac{1}{(1-2d_s)-\dfrac{8|Z|C_s(1-2d_s)}{3m^2\cos\varphi T_s}}U_{in} \tag{4.11}$$

而不带缓冲电路时,Z 源逆变器直流链电压表达式为

$$U_{dc} = \frac{1}{1 - 2d_s} U_{in} \qquad (4.12)$$

由式(4.11)和式(4.12)可知,RCD 型缓冲电路会造成直流链电压比正常值偏高。进一步,从式(4.9)和式(4.10)可以看出,RCD 型缓冲电路同样可以导致电感电流偏大。过高的电感电流不仅增加了输入侧二极管和 Z 源网络电容的电流应力,并且在严重情况下可以使电感处于饱和状态,降低了变换器的带载能力。

为了验证 RCD 型缓冲电路造成直流链电压值偏高的结论,以下进行了 Matlab/Simulink 仿真和实验验证。实验参数为:电源电压 40 V;阻感负载 10 Ω/1.15 mH;Z 源网络 2 700 μF/1 mH;直通占空比 0.2;调制系数 0.8;载波频率 10 kHz;采用简单控制方式。实验结果见表 4.1。

表 4.1　RCD 缓冲电路仿真和实验

缓冲电阻 /Ω	缓冲电容 /μF	直流链电压 /V		
		理论值	仿真值	实验值
10	—	66.7	66.8	66.2
	0.10	69.6	69.3	69.8
	0.15	71.1	71.6	71.4
	0.22	73.4	72.8	73.2
	0.30	76.2	75.6	76.0

由表 4.1 可以看出,RCD 缓冲电路应用于 Z 源逆变器时,直流链电压值会偏高。理论和仿真实验值相一致。

需要指出的是,式(4.11)直流链电压表达式是建立在缓冲电路 RC 时间常数较小的前提下的。缓冲电路拥有较小的时间常数,使得缓冲电容在直通状态时放电完毕。如果 RC 时间常数较大,缓冲电容在直通状态时只能完成部分放电,那么直流链电压值要比式(4.11)给出的值小,但仍然要比不带缓冲电路时的直流链电压值大。RC 时间常数越大,直流链电压值就越接近于正常值,斜坡问题越不明显,但是缓冲电容的电荷得不到及时泄放,其对电压尖峰的吸收能力也就越弱。

4.3.3　缓冲电路的直通损耗

RCD 缓冲电路存在的问题还有:直通时桥臂短路,缓冲电容将通过缓冲电阻

迅速地放电,由此产生了额外的能量损耗。直通期间的功率损耗可以从缓冲电阻和缓冲电容角度分别进行分析。

从缓冲电阻角度,当缓冲电容沿电阻放电时,能量都消耗在缓冲电阻上,直通时损耗为

$$
\begin{aligned}
P_{\text{sloss}} &= \frac{\int_0^{0.5d_sT_s} R_s i_{R_s}^2 \mathrm{d}t}{0.5T_s} \\
&= \frac{R_s \int_0^{0.5d_sT_s} \left(\dfrac{U_{\text{dc}}}{R_s} \mathrm{e}^{\frac{-t}{R_sC_s}} \right)^2 \mathrm{d}t}{0.5T_s} \\
&= \frac{C_s U_{\text{dc}}^2 \left(1 - \mathrm{e}^{\frac{-d_sT_s}{R_sC_s}} \right)}{T_s}
\end{aligned}
\tag{4.13}
$$

从缓冲电容角度,在单位时间内电容减少的能量也就是缓冲电路的功率损耗,即

$$
\begin{aligned}
P_{\text{loss}} &= \frac{0.5C_s \left(U_{C_s}^2(0) - U_{C_s}^2(0.5d_sT_s) \right)}{0.5T_s} \\
&= \frac{C_s U_{C_s}^2(0) \left(1 - \mathrm{e}^{\frac{-d_sT_s}{R_sC_s}} \right)}{T_s} \\
&= \frac{C_s U_{\text{dc}}^2 \left(1 - \mathrm{e}^{\frac{-d_sT_s}{R_sC_s}} \right)}{T_s}
\end{aligned}
\tag{4.14}
$$

两种思路得到的直通期间的功率损耗是一致的。传统的电压源型逆变器在缓冲电路上产生的能量损耗与工作电流是正相关的,负载电流越大,产生的尖峰电压越大,造成的能量损耗也就越大。而由式(4.13)和式(4.14)可以看出,如果电路参数已经确定,那么缓冲电阻在直通期间的损耗也就确定了,与负载工况无关。即使变换器工作于空载状态下,在直通状态下缓冲电路也会产生与满载状态相同的损耗。

如果电路的直流链电压和开关频率固定不变,能够影响直通功率损耗大小的就只有缓冲电阻 R_s、缓冲电容 C_s 和直通占空比 d_s,直流链电压 $U_{\text{dc}} = 200$ V,开关频率 $f_s = 10$ kHz 时,这三个参数关于直通功率损耗的关系曲线分别如图 4.7~4.9 所示。

可以看出,缓冲电阻越大,直通功率损耗越小;而缓冲电容和直通占空比越大,造成的直通功率损耗也越大。

当线路的杂散电感和开关器件的耐压等级确定了以后,缓冲电路的参数范

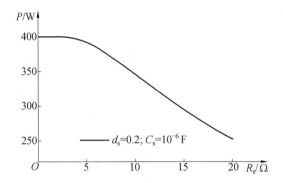

图 4.7　缓冲电阻 R_s 与直通功率损耗 P_{loss} 的关系曲线

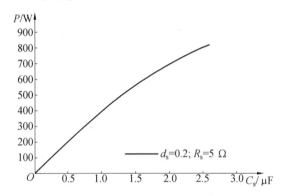

图 4.8　缓冲电容 C_s 与直通功率损耗 P_{loss} 的关系曲线

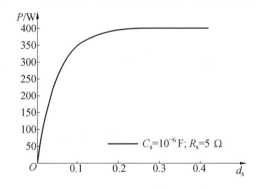

图 4.9　直通占空比 d_s 与直通功率损耗 P_{loss} 的关系曲线

围也就确定了。一般的做法是在符合条件的范围内匹配一组最优参数,以达到
最理想的尖峰吸收能力。换句话说,如果线路的杂散电感和开关器件的耐压等
级确定,那么缓冲电路的最优参数也就确定了。进一步,如果直通占空比也可

知,那么直通缓冲损耗也就确定了。

一方面,Z 源逆变器缓冲电路的损耗包括直通损耗与非直通损耗。非直通功率损耗与电压型逆变器缓冲电路的损耗相同;而直通功率损耗可以达到数倍甚至数十倍于电压源型逆变器的损耗。大的功率损耗就要求使用大功率的缓冲电阻,如果缓冲电阻的功率等级过大,则会大大增加电阻的体积和成本,甚至是不可接受的。

以表 4.2 中采用的几组 RC 参数为例,当直通占空比为 0.2、直流母线电压为 550 V、开关频率为 6.4 kHz 时,电压型逆变器和 Z 源逆变器上产生的缓冲功率损耗对比见表 4.2。从表中可以看出,Z 源逆变器在直通时造成的缓冲损耗是很大的,最严重的情况,在电压型逆变器采用 60 W 的缓冲电阻时,Z 源逆变器需要 2 630 W 的缓冲电阻,是原来的 44 倍。这么大功率的缓冲电阻想要集成到控制器中基本是不可实施的。

表 4.2 电压型逆变器和 Z 源逆变器缓冲损耗对比

缓冲电阻 /Ω	缓冲电容 /μF	VSI 缓冲功率损耗/W	ZSI 缓冲功率损耗/W
20	1.65	75	1 955＋75
12	2.00	150	2 819＋150
20	1.82	60	2 030＋60
20	1.22	300	1 706＋300

另一方面,缓冲电路的直通功率损耗与负载工况无关。空载、半载与满载情况下的损耗理论上是一样的。特别是在轻载状态下,它会大大降低变换器的效率,以下给出具体的实验验证。

4.4 实验结果

实验参数为:Z 源网络电感 $L = 1$ mH;电容 $C = 550$ μF;直通占空比 $d_s = 0.2$;主电路杂散电感 $L_s = 50$ nH;载波频率为 $f_s = 10$ kHz;限定 $U_{max} = 110\%U_{dc}$,采用简单升压调制方式。缓冲电路参数按照直流链电压 $U_{dc} = 200$ V、IGBT 工作电流 100 A 来设计。

由缓冲电容和电阻的设计公式,即

$$C_s \geqslant \frac{L_s i^2}{(u_{max}-U_{dc})^2} \tag{4.15}$$

$$2\sqrt{\frac{L_s}{C_s}} \leqslant R_s \leqslant \frac{1}{3C_s f_s} \tag{4.16}$$

计算得 $C_s \geqslant 1.25 \ \mu F$,结合实际的电压尖峰抑制效果,最终采用的 RC 参数为 $R_s = 10 \ \Omega$,$C_s = 1.5 \ \mu F$。

保持直流链电压 $U_{dc} = 220 \ V$ 固定不变,通过改变负载电阻来改变 Z 源变换器的输出功率。

图 4.10~4.12 给出了变换器输出功率分别为 123 W、232 W 和 533 W 时的负载电流、直流链电压和缓冲电阻电流波形。图 4.13 是放大了的局部直流链电压和缓冲电阻电流波形。

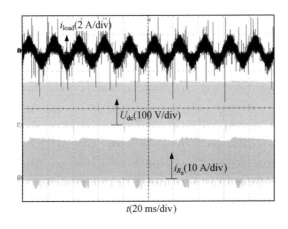

图 4.10　输出功率为 123 W 时负载电流(上)、直流链电压(中)和缓冲电阻电流波形(下)

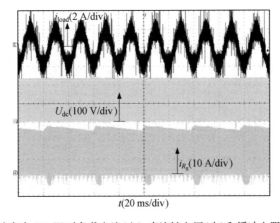

图 4.11　输出功率为 232 W 时负载电流(上)、直流链电压(中)和缓冲电阻电流波形(下)

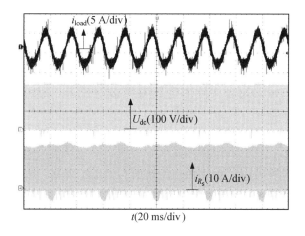

图 4.12　输出功率为 533 W 时负载电流(上)、直流链电压(中)和缓冲电阻电流波形(下)

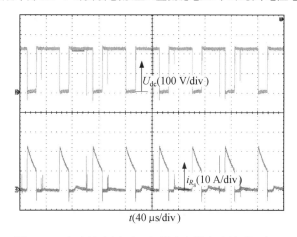

图 4.13　直流链电压(上)和缓冲电阻电流波形(下)

　　由上面的波形可以看出,无论负载多大,缓冲电阻上的电流幅值是相同的。将实验波形放大了看(图 4.13),上述 3 种实验工况下缓冲电阻上的电流变化情况是相同的,直通期间都呈指数状衰减,并且幅值是一致的,说明它们的直通缓冲损耗是相等的,验证了缓冲直通损耗与负载工况无关的结论。图 4.14 给出了不同功率下的直通缓冲损耗理论值和实验值曲线,验证了式(4.13)及式(4.14)的正确性。

　　图 4.15 给出了不同负载下的 Z 源变换器效率实验曲线。可以看出,当变换器处于轻载状态时,效率是很低的。当输出功率为 123 W 时,其效率才达到14.52%。随着输出功率的增加,效率逐渐得到提高,但仍在很宽的功率范围内保持 90% 以下

的效率。究其原因在于：电路参数确定后，直通造成的缓冲电路损耗是固定的，变换器所带负载越轻，这部分损耗所占的比重就越大，效率也就越低。

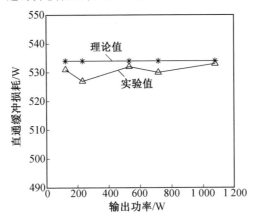

图 4.14　不同输出功率下的 Z 源逆变器直通缓冲损耗曲线

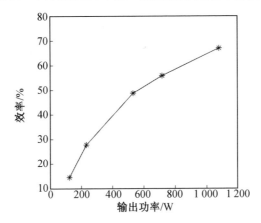

图 4.15　不同输出功率下的 Z 源逆变器效率实验曲线

　　由以上实验可知，传统的 RCD 缓冲电路应用于 Z 源逆变器时，造成的能量损耗是很大的。这个问题需要通过以下途径解决：

　　一是缩短线路距离并采用层叠母排结构，尽量减少线路的杂散电感，以减小对缓冲电容容值需求。

　　二是寻求新的适合 Z 源逆变器的缓冲电路拓扑。传统的 RCD 缓冲电路应用于 Z 源逆变器时造成大损耗的根本原因就在于直通期间缓冲电容形成了一个迅速放电的回路。采用新的缓冲电路结构，在 Z 源逆变器处于直通状态时切除这个放电回路，是解决损耗问题的根本途径。

本 章 小 结

本章详细分析了传统缓冲电路在 Z 源逆变器上应用的具体问题,得到的结论如下:

(1)C 型缓冲电路极易与线路杂散电感形成振荡,直通时在功率管内产生大的短路电流,严重情况下甚至会毁坏功率器件。

(2)RC、RCD 与 RCD 钳位限幅型缓冲电路应用于 Z 源逆变器时会导致直流链电压值产生斜坡、直流链电压值偏高与电感电流值偏大的问题。

(3)传统缓冲电路应用于 Z 源逆变器时会产生很大的能量损耗,降低了系统的效率,增加了缓冲电阻的体积和质量。

第 5 章

Z 源逆变器系统建模

本章主要对准 Z 源逆变器(q-ZSI)的小信号模型进行建立和分析。首先对建立的静态模型和小信号模型进行介绍,对状态平均法的建模过程进行详细分析。其次针对小信号线性模型进行分析。在二阶三状态等效模型的基础上经简化得到了二阶二状态等效模型,对两个模型静态工作点及传递函数等参数进行对比。通过电路仿真模型对两种等效模型进行验证。最后对系统的动态特性进行了分析,对系统的非最小相位特性、参数影响特性及频率响应特性进行详细介绍。

5.1　Z 源逆变器小信号建模

　　本章对准 Z 源逆变器进行小信号模型建立。逆变桥臂连接三相永磁同步电机,假设电机三相负载平衡,瞬时功率不变,选择将逆变桥臂和同步电机等效成恒流源,同时将准 Z 源逆变器的工作状态分为有效矢量状态、零矢量状态和直通状态。为了建立准确的模型,将电容等效串联电阻和电感寄生电阻纳入考虑范围。经过以上处理后,准 Z 源逆变器的等效电路如图 5.1 所示。

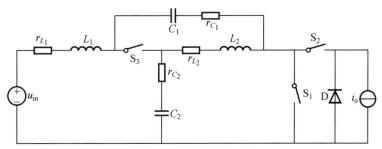

图 5.1　双向 q-ZSI 电机驱动系统等效模型

　　图 5.1 中,S_1 受直通信号控制;S_3 控制信号与直通信号互补;S_2 受调制比信号控制。Z 源网络电感、电容参数为 $L=L_1=L_2$,$C=C_1=C_2$,$r_L=r_{L_1}=r_{L_2}$,$r_C=r_{C_1}=r_{C_2}$。

　　使用状态空间平均法建立双向准 Z 源逆变器的平均数学模型。对于开关变换电路,通常选择独立储能元件,如电容电压和电感电流作为状态变量 $x=[i_{L_1},i_{L_2},u_{C_1},u_{C_2}]^T$,选择输入电压和负载电流作为输入变量 $u=[u_{in},i_o]^T$。分别在直通、零矢量、有效矢量状态,用线性定常系统状态方程表示当前等效拓扑结构,再根据各状态的占空比进行时间平均处理。由于准 Z 源逆变器属于非线性系统,因此还需要使用小信号扰动法对平均模型进行线性化。

　　直通矢量状态时,图 5.1 中 S_1 开通,S_2 和 S_3 断开,形成两组充放电回路,等效拓扑结构如图 5.2 所示,图中箭头方向代表电流正方向,而不代表实际流向。

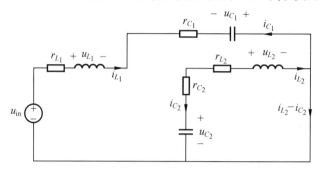

图 5.2　直通状态等效拓扑

直通状态的状态方程为

$$\begin{cases} L\dot{i}_{L_1} = u_{in} + u_{C_1} - (r_L + r_C)i_{L_1} \\ L\dot{i}_{L_2} = u_{C_2} - (r_L + r_C)i_{L_2} \\ C\dot{u}_{C_1} = -i_{L_1} \\ C\dot{u}_{C_2} = -i_{L_2} \end{cases} \tag{5.1}$$

整理为矩阵形式有

$$\begin{bmatrix} L & 0 & 0 & 0 \\ 0 & L & 0 & 0 \\ 0 & 0 & C & 0 \\ 0 & 0 & 0 & C \end{bmatrix}\begin{bmatrix} \dot{i}_{L_1} \\ \dot{i}_{L_2} \\ \dot{u}_{C_1} \\ \dot{u}_{C_2} \end{bmatrix} = \begin{bmatrix} -(r_L+r_C) & 0 & 1 & 0 \\ 0 & -(r_L+r_C) & 0 & 1 \\ -1 & 0 & 0 & 0 \\ 0 & -1 & 0 & 0 \end{bmatrix}\begin{bmatrix} i_{L_1} \\ i_{L_2} \\ u_{C_1} \\ u_{C_2} \end{bmatrix} + \begin{bmatrix} 1 & 0 \\ 0 & 0 \\ 0 & 0 \\ 0 & 0 \end{bmatrix}\begin{bmatrix} u_{in} \\ i_o \end{bmatrix}$$

$$\tag{5.2}$$

令

$$\boldsymbol{K} = \begin{bmatrix} L & 0 & 0 & 0 \\ 0 & L & 0 & 0 \\ 0 & 0 & C & 0 \\ 0 & 0 & 0 & C \end{bmatrix}, \boldsymbol{A}_1 = \begin{bmatrix} -(r_L+r_C) & 0 & 1 & 0 \\ 0 & -(r_L+r_C) & 0 & 1 \\ -1 & 0 & 0 & 0 \\ 0 & -1 & 0 & 0 \end{bmatrix}, \boldsymbol{B}_1 = \begin{bmatrix} 1 & 0 \\ 0 & 0 \\ 0 & 0 \\ 0 & 0 \end{bmatrix}$$

则直通矢量状态矩阵为

$$\boldsymbol{K}\dot{\boldsymbol{x}} = \boldsymbol{A}_1\boldsymbol{x} + \boldsymbol{B}_1\boldsymbol{u} \tag{5.3}$$

零矢量状态时,图 5.1 中 S_1、S_2 关断,S_3 开通,负载与阻抗网络断开,同样形成两组充放电回路,等效拓扑结构如图 5.3 所示。

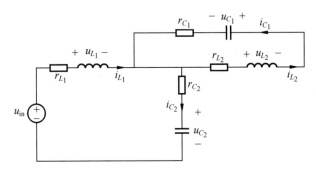

图 5.3 零矢量状态等效拓扑

零矢量状态方程为

$$\begin{cases} L\dot{i}_{L_1} = u_{in} - r_L i_{L_1} - r_C i_{L_1} - u_{C_2} \\ L\dot{i}_{L_2} = -r_L i_{L_2} - r_C i_{L_2} - u_{C_1} \\ C\dot{u}_{C_1} = -i_{L_2} \\ C\dot{u}_{C_2} = -i_{L_1} \end{cases} \tag{5.4}$$

整理为矩阵形式有

$$\begin{bmatrix} L & 0 & 0 & 0 \\ 0 & L & 0 & 0 \\ 0 & 0 & C & 0 \\ 0 & 0 & 0 & C \end{bmatrix} \begin{bmatrix} \dot{i}_{L_1} \\ \dot{i}_{L_2} \\ \dot{u}_{C_1} \\ \dot{u}_{C_2} \end{bmatrix} = \begin{bmatrix} -(r_L+r_C) & 0 & 0 & -1 \\ 0 & -(r_L+r_C) & -1 & 0 \\ 0 & 1 & 0 & 0 \\ 1 & 0 & 0 & 0 \end{bmatrix} \begin{bmatrix} i_{L_1} \\ i_{L_2} \\ u_{C_1} \\ u_{C_2} \end{bmatrix} + \begin{bmatrix} 1 & 0 \\ 0 & 0 \\ 0 & 0 \\ 0 & 0 \end{bmatrix} \begin{bmatrix} u_{in} \\ i_o \end{bmatrix} \tag{5.5}$$

令

$$\boldsymbol{A}_2 = \begin{bmatrix} -(r_L+r_C) & 0 & 0 & -1 \\ 0 & -(r_L+r_C) & -1 & 0 \\ 0 & 1 & 0 & 0 \\ 1 & 0 & 0 & 0 \end{bmatrix}, \quad \boldsymbol{B}_2 = \begin{bmatrix} 1 & 0 \\ 0 & 0 \\ 0 & 0 \\ 0 & 0 \end{bmatrix}$$

则零矢量状态矩阵为

$$\boldsymbol{K}\dot{\boldsymbol{x}} = \boldsymbol{A}_2\boldsymbol{x} + \boldsymbol{B}_2\boldsymbol{u} \tag{5.6}$$

有效矢量状态时，S_1 关断，S_2 和 S_3 开通，阻抗网络与负载相接，为负载供电，等效拓扑结构如图 5.4 所示。

有效矢量状态方程为

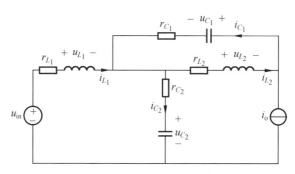

图 5.4　有效矢量状态等效拓扑

$$\begin{cases} L\dot{i}_{L_1} = u_{in} - r_L i_{L_1} - r_C(i_{L_1} - i_i) - u_{C_2} \\ L\dot{i}_{L_2} = -r_L i_{L_2} - r_C(i_{L_2} - i_i) - u_{C_1} \\ C\dot{u}_{C_1} = -i_{L_2} - i_o \\ C\dot{u}_{C_2} = -i_{L_1} - i_o \end{cases} \tag{5.7}$$

整理为矩阵形式有

$$\begin{bmatrix} L & 0 & 0 & 0 \\ 0 & L & 0 & 0 \\ 0 & 0 & C & 0 \\ 0 & 0 & 0 & C \end{bmatrix} \begin{bmatrix} \dot{i}_{L_1} \\ \dot{i}_{L_2} \\ \dot{u}_{C_1} \\ \dot{u}_{C_2} \end{bmatrix}$$

$$= \begin{bmatrix} -(r_L+r_C) & 0 & 0 & -1 \\ 0 & -(r_L+r_C) & -1 & 0 \\ 0 & 1 & 0 & 0 \\ 1 & 0 & 0 & 0 \end{bmatrix} \begin{bmatrix} i_{L_1} \\ i_{L_2} \\ u_{C_1} \\ u_{C_2} \end{bmatrix} + \begin{bmatrix} 1 & r_C \\ 0 & r_C \\ 0 & -1 \\ 0 & -1 \end{bmatrix} \begin{bmatrix} u_{in} \\ i_o \end{bmatrix} \tag{5.8}$$

令

$$\boldsymbol{A}_3 = \begin{bmatrix} -(r_L+r_C) & 0 & 0 & -1 \\ 0 & -(r_L+r_C) & -1 & 0 \\ 0 & 1 & 0 & 0 \\ 1 & 0 & 0 & 0 \end{bmatrix}, \quad \boldsymbol{B}_3 = \begin{bmatrix} 1 & r_C \\ 0 & r_C \\ 0 & -1 \\ 0 & -1 \end{bmatrix}$$

则有效矢量状态矩阵为

$$\boldsymbol{K}\dot{\boldsymbol{x}} = \boldsymbol{A}_3 \boldsymbol{x} + \boldsymbol{B}_3 \boldsymbol{u} \tag{5.9}$$

在一个开关周期内,对各状态矩阵进行时间平均,得到双向 Z 源逆变器的状态空间平均模型为

$$K\frac{\mathrm{d}\overline{x}}{\mathrm{d}t}=\left[d_s\boldsymbol{A}_1+d_z\boldsymbol{A}_2+d_a\boldsymbol{A}_3\right]\cdot\overline{x}+\left[d_s\boldsymbol{B}_1+d_z\boldsymbol{B}_2+d_a\boldsymbol{B}_3\right]\cdot\overline{u} \quad (5.10)$$

式中　$\overline{x}$、$\overline{u}$——状态变量和输入变量周期平均值；

d_s——直通占空比；

d_z——零矢量占空比；

d_a——有效矢量占空比。

由于矩阵系数为时变量,所以准 Z 源逆变器模型为非线性时变模型。需要采用小信号扰动法对状态平均模型进行线性化处理,进一步求解静态工作点以及小信号模型。设 $\boldsymbol{X}$、$\boldsymbol{U}$、D_s、D_z、D_a 为模型静态工作点,在静态工作点附近对输入变量和各状态占空比引入低频小信号扰动 $\hat{u}$、$\hat{d}_s$、$\hat{d}_z$ 和 $\hat{d}_a$,从而使状态变量 $\overline{x}$ 发生微小变化 $\hat{x}$,即

$$\begin{cases} \overline{x}=\boldsymbol{X}+\hat{x} \\ \overline{u}=\boldsymbol{U}+\hat{u} \\ d_s=D_s+\hat{d}_s \\ d_z=D_z+\hat{d}_z \\ d_a=D_a+\hat{d}_a \end{cases} \quad (5.11)$$

将式(5.11)代入式(5.10)平均模型中,并假设二阶交流小信号乘积幅值远小于一阶交流项,忽略非线性二阶交流项,得到如下小信号线性模型和静态模型:

$$\begin{cases} K\dfrac{\mathrm{d}\hat{x}}{\mathrm{d}t}=\boldsymbol{A}\hat{x}+\boldsymbol{B}\hat{u}+(\boldsymbol{A}_1\hat{d}_s+\boldsymbol{A}_2\hat{d}_z+\boldsymbol{A}_3\hat{d}_a)\boldsymbol{X}+(\boldsymbol{B}_1\hat{d}_s+\boldsymbol{B}_2\hat{d}_z+\boldsymbol{B}_3\hat{d}_a)\boldsymbol{U} \\ 0=\boldsymbol{A}\boldsymbol{X}+\boldsymbol{B}\boldsymbol{U} \end{cases} \quad (5.12)$$

式中　$\boldsymbol{A}=D_s\boldsymbol{A}_1+D_z\boldsymbol{A}_2+D_a\boldsymbol{A}_3$；

$\boldsymbol{B}=D_s\boldsymbol{B}_1+D_z\boldsymbol{B}_2+D_a\boldsymbol{B}_3$。

5.1.1　静态模型

状态变量静态工作点为

$$\boldsymbol{X}=\begin{bmatrix} I_{L_1} \\ I_{L_2} \\ U_{C_1} \\ U_{C_2} \end{bmatrix}=-\boldsymbol{A}^{-1}\boldsymbol{B}\boldsymbol{U}=\begin{bmatrix} \dfrac{1}{1-2D_s}D_aI_o \\[2ex] \dfrac{1}{1-2D_s}D_aI_o \\[2ex] \dfrac{D_s}{1-2D_s}U_{in}-\dfrac{r_L+2D_sr_C}{(1-2D_s)^2}D_aI_o \\[2ex] \dfrac{1-D_s}{1-2D_s}U_{in}-\dfrac{r_L+2D_sr_C}{(1-2D_s)^2}D_aI_o \end{bmatrix} \quad (5.13)$$

由式(5.13)可知非直通状态下,直流链电压表达式为

$$\hat{U}_{PN} = U_{C_1} + U_{C_2} = \frac{1}{1-2D_s}U_{in} - \frac{2(r_L + 2D_s r_C)}{(1-2D_s)^2}D_a I_o \qquad (5.14)$$

由于等效串联电阻的存在,在相同直通占空比下,实际直流链电压会稍微低于理想情况,电压降程度取决于等效串联电阻、有效矢量占空比和负载电流。忽略电阻的影响,理想情况下直流链电压表达式为

$$U_{PN} = \frac{1}{1-2D_s}U_{in} \qquad (5.15)$$

输入电流即电感电流,由式(5.13)可知输入电流表达式为

$$I_{in} = I_L = \frac{1}{1-2D_s}D_a I_o \qquad (5.16)$$

不考虑桥臂和电机损耗,稳态时阻抗网络直流链电流平均值为

$$I_{PN} = \frac{P}{U_{PN}} = \frac{\frac{3}{2} \times \frac{M U_{PN}}{\sqrt{3}} I_\varphi \cos\varphi}{U_{PN}} = \frac{\sqrt{3}}{2}M I_\varphi \cos\varphi \qquad (5.17)$$

式中 P——输出功率;

M——相电压调制比;

I_φ——相电流幅值;

$\cos\varphi$——功率因数。

直流链电流平均值与负载电流有如下关系:

$$I_{PN} = D_a I_o \qquad (5.18)$$

将式(5.18)代入式(5.17)中,得到稳态时简化模型负载电流表达式为

$$I_o = \frac{\sqrt{3}}{2}\frac{M I_\varphi \cos\varphi}{D_a} \qquad (5.19)$$

MSVPWM 控制方法下,有效矢量占空比平均值与调制比关系为 $D_a = 0.78M$。将以上关系代入式(5.19),有

$$I_o = 1.11 I_\varphi \cos\varphi \qquad (5.20)$$

将式(5.19)代入式(5.16)中,可以得到输入电流与负载相电流关系为

$$I_{in} = \frac{\sqrt{3}M I_\varphi \cos\varphi}{2(1-2D_s)} \qquad (5.21)$$

5.1.2 小信号线性模型

由于 $\boldsymbol{A}_1 = \boldsymbol{A}_2$,$\boldsymbol{B}_1 = \boldsymbol{B}_2$,$\hat{d}_s + \hat{d}_z + \hat{d}_a = 0$,式(5.12)中的小信号线性模型可以简化为

$$K\frac{\mathrm{d}\hat{x}}{\mathrm{d}t}=A\hat{x}+B\hat{u}+(A_1-A_2)X\hat{d}_s+(B_3-B_1)U\hat{d}_a \tag{5.22}$$

对上式进行拉普拉斯变换有

$$\hat{x}(s)=[sK-A]^{-1}[B\hat{u}+(A_1+A_2)X\hat{d}_s+(B_3-B_1)U\hat{d}_a] \tag{5.23}$$

最终得到状态变量关于输入变量和控制变量的传递函数为

$$\hat{i}_{L_1}=\frac{sC[sCk+(1-2D_s+2D_s^2)]}{(sCk+1)[sCk+(1-2D_s)^2]}\hat{u}_{in}+$$

$$\frac{sC(U_{C_1}+U_{C_2})+(1-2D_s)(I_{L_1}+I_{L_2})}{sCk+(1-2D_s)^2}\hat{d}_s+$$

$$\frac{sCr_C+(1-2D_s)}{sCk+(1-2D_s)^2}(D_a\hat{i}_o+I_o\hat{d}_a) \tag{5.24}$$

$$\hat{i}_{L_2}=\frac{sC(2D_s-2D_s^2)}{(sCk+1)[sCk+(1-2D_s)^2]}\hat{u}_{in}+$$

$$\frac{sC(U_{C_1}+U_{C_2})+(1-2D_s)(I_{L_1}+I_{L_2})}{sCk+(1-2D_s)^2}\hat{d}_s+$$

$$\frac{sCr_C+(1-2D_s)}{sCk+(1-2D_s)^2}(D_a\hat{i}_o+I_o\hat{d}_a) \tag{5.25}$$

$$\hat{u}_{C_1}=\frac{D_s[(1-2D_s)-sCk]}{(sCk+1)[sCk+(1-2D_s)^2]}\hat{u}_{in}+$$

$$\frac{(1-2D_s)(U_{C_1}+U_{C_2})-k(I_{L_1}+I_{L_2})}{sCk+(1-2D_s)^2}\hat{d}_s+$$

$$\frac{(1-2D_s)r_C-k}{sCk+(1-2D_s)^2}(D_a\hat{i}_o+I_o\hat{d}_a) \tag{5.26}$$

$$\hat{u}_{C_2}=\frac{(1-D_s)[(sCk+(1-2D_s)]}{(sCk+1)[sCk+(1-2D_s)^2]}\hat{u}_{in}+$$

$$\frac{(1-2D_s)(U_{C_1}+U_{C_2})-k(I_{L_1}+I_{L_2})}{sCk+(1-2D_s)^2}\hat{d}_s+$$

$$\frac{(1-2D_s)r_C-k}{sCk+(1-2D_s)^2}(D_a\hat{i}_o+I_o\hat{d}_a) \tag{5.27}$$

式中　$k=sL+r_L+r_C$。

由式(5.26)和式(5.27)得到直通占空比到直流链电压的传递函数为

$$G_{u_{PN}d_s}=G_{u_{C_1}d_s}+G_{u_{C_2}d_s}=\frac{2(1-2D_s)(U_{C_1}+U_{C_2})-4(sL+r_L+r_C)I_L}{LCs^2+(r_L+r_C)Cs+(1-2D_s)^2}$$

$$\tag{5.28}$$

由式(5.24)得到直通占空比到输入电流的传递函数为

$$G_{i_{\text{in}}d_s}=G_{i_{\text{in}}d_s}=\frac{sC(U_{C_1}+U_{C_2})+2(1-2D_s)I_L}{LCs^2+(r_L+r_C)Cs+(1-2D_s)^2} \tag{5.29}$$

小信号扰动下,负载电流与直流链的电流关系为

$$I_{\text{PN}}+\hat{i}_{\text{PN}}=(D_a+\hat{d}_a)(I_o+\hat{i}_o)=D_aI_o+D_a\hat{i}_o+\hat{d}_aI_o+\hat{d}_a\hat{i}_o \tag{5.30}$$

忽略二阶交流项,小信号负载电流为

$$\hat{i}_{\text{PN}}=D_a\hat{i}_o+\hat{d}_aI_o \tag{5.31}$$

式(5.31)表明,负载电流和有效矢量占空比小信号扰动可以概括为阻抗网络直流链电流小信号扰动。

5.2　小信号线性模型分析

前面所述小信号模型以绪论中的二阶三状态等效模型为基础,考虑了直通占空比和有效矢量占空比(即调制比)两个控制自由度对阻抗网络的动态影响。二阶三状态等效模型再经过简化可以得到二阶二状态等效模型。以下将对两个模型进行对比,再使用电路仿真模型进行验证,最后分析二阶三状态小信号模型的动态特性。

5.2.1　模型对比验证

二阶二状态模型只存在直通和非直通状态,其直通状态与二阶三状态模型一致,非直通状态可以认为是占空比为 $d_a=5-d_s$ 的有效矢量状态,此时直流链电流为 $D_a\bar{i}_{\text{PN}}/(1-D_s)$。将以上等式代入二阶三状态静态工作点向量式(5.13)和小信号传递函数式(5.24)～(5.27),模型将退化为二阶二状态。可知两个数学模型的静态工作点完全相同,小信号模型存在一点差别。

在二阶三状态模型中,有效矢量占空比到直流链电压和输入电流的传递函数为

$$G_{u_{\text{PN}}d_s}=2\times\frac{(1-2D_s)r_C-k}{sCk+(1-2D_s)^2}I_o \tag{5.32}$$

$$G_{i_{\text{in}}d_s}=\frac{sCr_C+(1-2D_s)}{sCk+(1-2D_s)^2}I_o \tag{5.33}$$

由于二阶二状态模型将有效矢量状态和零矢量状态合并等效为新的有效矢量状态,即 $\hat{d}_s=-\hat{d}_a$,所以上述传递函数变为直通占空比到直流链电压和输入电流传递函数的一部分。

以直通占空比到直流链电压传递函数和输入电流传递函数为例,使用 Matlab 仿真软件,给出二阶三状态模型、二阶二状态模型和电路仿真模型的阶跃响应曲线。电路仿真模型使用 Ode45(Dormant-Prince)算法。具体电路参数和静态工作点见表 5.1。

表 5.1　具体电路参数和静态工作点

U_{in}/V	I_o/A	D_s	D_a	L/mH	C/mF	r_L/Ω	r_C/Ω
240	20	0.1	0.6	1	0.5	0.4	0.001

系统工作在静态工作点,在 0.1 s 时施加扰动 $\hat{d}_s = 0.01$,直通占空比从 0.1 突变为 0.11。图 5.5 为三种模型的阶跃响应对比,通过对比可以看到电路仿真波形和二阶三状态模型、二阶二状态模型的变化规律基本相同,说明三个模型的小信号模型区别不大,都与实际基本吻合。

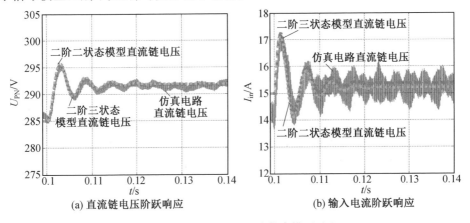

(a) 直流链电压阶跃响应　　　　　(b) 输入电流阶跃响应

图 5.5　小信号模型和电路仿真模型对比

5.2.2　动态特性分析

1. 非最小相位特性

电容电压传递函数是具有开环零点的二阶系统,函数零点为

$$z_1 = \frac{(1-D_s)U_{in}}{2D_a L I_o} - \frac{2r_L + (1+2D_s)r_C}{L} \tag{5.34}$$

等效串联电阻一般较小,可忽略不计。在 $I_o > 0$ 时,传递函数存在右半平面零点,属于非最小相位系统,主要特点是阶跃响应存在负超调现象。可以通过 Z 源网络中的充放电过程解释负超调现象:为了提高电容电压,直通占空比增大,

直通状态时间增加；而直通状态下，电容为电感充电，电感电流增加，电容电压减小，所以在暂态初期，直流链电压反而减小，出现负超调现象。

系统的最小相位特性等价于输入输出稳定性，即当系统为最小相位系统时，只要保证输入输出部分的稳定性，就可以保证整个系统的稳定性；而对于非最小相位系统，其内部动态的稳定性无法保证，因此系统设计相对更为复杂。

该系统的非最小相位环节属于一阶微分环节，如图 5.6 所示。高频段时系统增益增加 20 dB/dec，不利于高频噪声抑制，而且相位滞后增加，对系统稳定性不利。为了提高系统的稳定性，抑制噪声干扰，系统设计时需要尽量让系统截止频率远远小于该微分环节的转折频率。

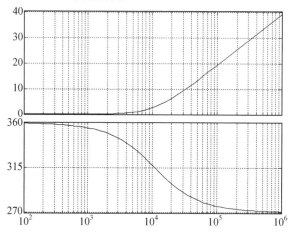

图 5.6　非最小相位一阶微分环节

2. 参数影响分析

不同的电容值 C、电感值 L 和直通占空比 d_s 对应不同的极点和零点，意味着系统的动态特性将发生变化。下面从根轨迹分析和时域分析两方面出发，以直通占空比到电容电压传递函数为例，研究电容、电感、直通占空比对系统动态特性的影响。电容电压传递函数零点如式(5.34)所示，由式(5.27)得到特征方程，可以看出电压传递函数属于典型的二阶系统，即

$$s^2 + \frac{r_L + r_C}{L}s + \frac{(1-2D_s)^2}{LC} = 0 \tag{5.35}$$

无阻尼自然振荡角频率为

$$\omega_n = \frac{1-2D_s}{\sqrt{LC}} \tag{5.36}$$

系统阻尼比为

$$\zeta = \frac{r_L + r_C}{2(1-2D_s)}\sqrt{\frac{C}{L}} \tag{5.37}$$

系统极点为

$$p_1, p_2 = -\zeta\omega_n \pm \mathrm{j}\omega_n\sqrt{1-\zeta^2} \tag{5.38}$$

结合零极点解析式,将零极点随系统参数变化表示在根轨迹图中。系统参数和静态工作点见表 5.1。

电容为 $200 \sim 800\ \mu\mathrm{F}$ 逐渐增大。图 5.7(a)显示,零点处在右半平面,但是不受电容值影响。一对共轭复极点实部为负,系统阻尼比 $0<\zeta<1$,处于欠阻尼状态,说明系统的暂态响应是振幅随时间按指数函数规律衰减的周期函数。实部不随电容值变化,而系统的调整时间主要取决于主导极点的实部,所以电容大小对系统调整时间影响较小。虚部随着电容增大而减小,系统阻尼比增大。阻尼比越大意味着系统的振幅衰减越快,超调量减小。

电感为 $800 \sim 1\,200\ \mu\mathrm{F}$ 逐渐增大。图 5.7(c)显示右半平面零点随着电感增大逐渐向原点靠近,非最小相位系统的负超调趋于严重。共轭复极点实部随着电感增大而逐渐减小,系统调整时间增大。虽然虚部和实部都在减小,但是极点到 S 平面原点间的径向线与负实轴之间夹角 θ 增大,而系统阻尼比 $\zeta = \cos\theta$,所以阻尼比减小,超调量增大。

直通占空比为 $0.05 \sim 0.2$ 逐渐增大。图 5.7(e)显示右半平面零点随直通占空比增大逐渐向原点靠近,非最小相位系统的负超调趋于严重。共轭复极点实部不变,说明直通占空比对系统调整时间基本没有影响。共轭复极点虚部减小,系统阻尼比增大,超调量减小。

综上,电容、直通占空比越大,电感越小,系统超调量越小。系统调整时间与电容、直通占空比无关,只与电感有关,电感越大,调整时间越短。右半平面零点位置与电容无关,直通占空比、电感越大,右半平面零点越靠近原点,负超调现象越严重。

下面将进行时域分析,比较不同电容、电感、直通占空比下电容电压传递函数的阶跃响应,验证根轨迹分析的结果。

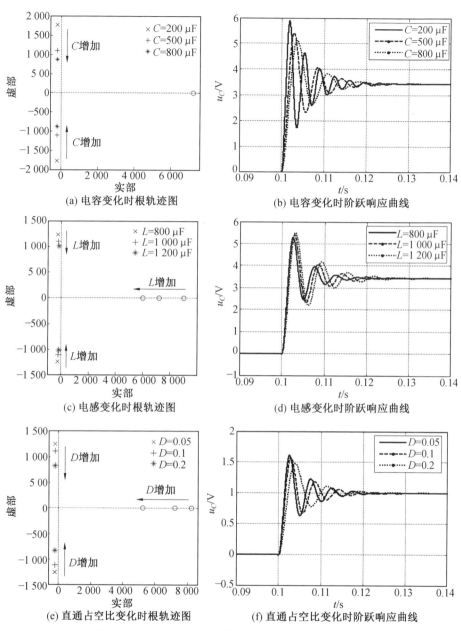

(a) 电容变化时根轨迹图

(b) 电容变化时阶跃响应曲线

(c) 电感变化时根轨迹图

(d) 电感变化时阶跃响应曲线

(e) 直通占空比变化时根轨迹图

(f) 直通占空比变化时阶跃响应曲线

图 5.7　电容电压传递函数根轨迹图和阶跃响应曲线

在 $t=0.1$ s 时,直通占空比发生 0.01 的突变。从图 5.7(b)明显看出,电容越大,超调量越小,三条阶跃响应曲线处在同一包络线下,调整时间基本相同。图 5.7(d)显示,电感越大,超调量越大,阶跃响应曲线的包络线衰减越慢,系统调整时间越长。为了方便比较不同直通占空比下直流链电压的超调量,图 5.7(f)中的阶跃响应曲线已经做了标幺化处理。图 5.7(f)显示,直通占空比越大,超调量越小,三条阶跃响应曲线处在同一包络线下,调整时间基本相同。以上时域分析的结果与根轨迹分析是一致的。

3. 频域分析

研究直流链电压和输入电流传递函数的幅频特性和相频特性,得到传递函数开环系统的相角裕度和增益裕度,判断闭环系统的稳定性和系统校正的必要性。系统静态工作点和参数见表 5.1。

直流链电压传递函数的频率特性如图 5.8(a)所示。直通占空比到直流链电压传递函数为非最小相位系统,相角裕度为 $-74.57°$,增益裕度为 0.01。对于一个稳定的系统,开环相角裕度应该大于零,增益裕度应大于 1,所以该静态工作点下,直流链电压直接闭环是不稳定的,需要进行校正。

输入电流传递函数的频率特性如图 5.8(b)所示。直通占空比到输入电流传递函数为最小相位系统,相角裕度为 $90°$,增益裕度为 $+\infty$。该静态工作点下,输入电流闭环系统是稳定的,若无其他要求,闭环系统不需要过多的校正。电流环作为内环,可以只加入 P 环节,用以调节电流响应时间。

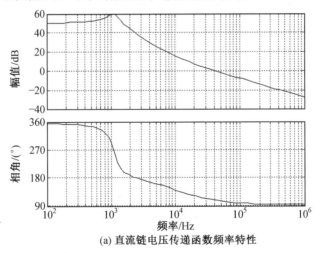

(a) 直流链电压传递函数频率特性

图 5.8　直通占空比到直流链电压和输入电流传递函数波特图

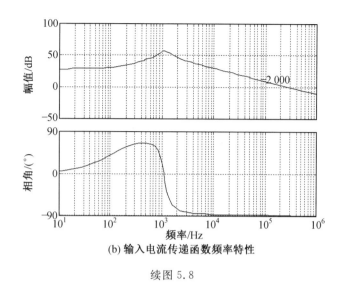

(b) 输入电流传递函数频率特性

续图 5.8

本 章 小 结

 本章首先使用状态平均法建立了 q-ZSI 的静态模型和小信号模型。对比分析二状态和三状态模型,发现两者的静态模型相同,小信号模型差别很小,不影响实际应用。再将小信号模型与仿真电路模型对比,验证了小信号模型的正确性。最后从根轨迹、时域、频域各方面分析系统的动态特性,为下一章系统设计提供参考。

第 6 章

新能源汽车用系统升压扩速方案设计

本章对基于 Z 源－PMSM 升压扩速控制方法的汽车用系统升压扩速方案设计进行论述。首先对逆变器输出极限和弱磁控制的局限性进行分析，并分析了加入 Z 源网络对永磁同步电机转速、转矩范围的拓展，重点介绍了 Z 源驱动 PMSM 系统的升压扩速控制方法。其次建立了 Z 源驱动网络下 PMSM 系统的各部分损耗模型，其中包括二极管和 IGBT 的损耗模型、Z 源逆变器的导通和开关损耗模型、永磁同步电机的损耗模型。最后使用 Matlab 对升压扩速方案的控制效果进行仿真验证。

6.1　逆变器输出极限分析与弱磁控制

正弦稳态下，dq 轴系下 PMSM 的定子电压方程为

$$\begin{cases} u_d = Ri_d - \omega L_q i_q \\ u_q = Ri_q + \omega L_d i_d + \omega \psi_f \end{cases} \tag{6.1}$$

磁链不变原则下，abc 轴系中的定子相电压幅值等于 dq 轴系下定子电压矢量幅值，即

$$U_\varphi^2 = U_s^2 + u_d^2 + u_q^2 \tag{6.2}$$

电机处在高速状态时可以忽略式（6.1）中的电阻压降，即

$$U_\varphi^2 = (\omega L_q i_q)^2 + (\omega L_d i_d + \omega \psi_f)^2 \tag{6.3}$$

定子电压幅值最大值与直流链电压关系为

$$U_{\varphi max} = \frac{kU_{PN}}{\sqrt{3}} \tag{6.4}$$

式中　k——调制比允许最大值，$k + d < 1$。

结合式（6.3）和式（6.4）可得直流链电压对定子相电压的约束为

$$(L_q i_q)^2 + (L_d i_d + \psi_f)^2 \leqslant \left(\frac{kU_{PN}}{\sqrt{3}\,\omega} \right)^2 \tag{6.5}$$

可得在恒转矩条件下，转折速度为

$$\omega_t = \frac{kU_{PN}/\sqrt{3}}{\sqrt{(L_q i_q)^2 + (L_d i_d + \psi_f)^2}} \tag{6.6}$$

逆变器的输出电流也受到主电路器件电流应力的约束，定子相电流也存在极限值，即

$$i_d^2 + i_q^2 = i_\varphi^2 \leqslant i_{\varphi max}^2 \tag{6.7}$$

以 i_d 和 i_q 为坐标轴，构成电流平面。在电流平面内，式（6.5）能够以椭圆形式表示，称之为电压极限椭圆；式（6.7）能够以圆形式表示，称之为电流极限圆，

如图 6.1 所示。电机的电流指令只有同时处在电压极限椭圆和电流极限圆的范围内,实际电流才能跟踪。

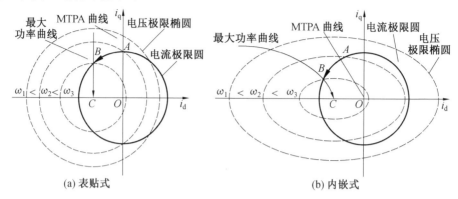

图 6.1　弱磁控制与定子电流最优控制

当转速较低时,电机工作在 MTPA 曲线与电流极限圆交点 A 处,恒定输出最大转矩。随着转速的提高,电压极限椭圆缩小,直到达到转折速度,即电压极限椭圆与 A 点相交时,此时电流调节器处于饱和状态,系统失去对定子电流的控制能力。为了进一步提高转速,i_d 负向增大,i_q 正向减小,电流工作点沿着电流极限圆由 A 向 B 向左下移动。电流工作点进入电压极限椭圆范围后,系统恢复对定子电流的控制能力。若电压极限椭圆圆心在电流极限圆范围内,再沿最大功率曲线,由 B 向 C 移动。反之,则继续沿着电流极限圆移动。由于 i_d 负向增大减弱了直轴磁场,所以上述扩速方法称为弱磁扩速。

6.2　Z 源 - PMSM 升压扩速控制方法

VSI 直流链电压不可调,到达转折速度后只能采用弱磁控制才能提高转速,但是弱磁扩速也让电流工作点偏离了 MTPA 曲线,最大输出转矩减小,由恒转矩运行区进入恒功率运行区。

升压扩速控制利用 q-ZSI 直流链电压可调的优点拓展了转速区间。当电机转速超过转折速度时,通过提高直流链电压扩大电压极限椭圆,电流调节器退饱和,系统恢复对定子电流的调节能力。电流工作点保持在 MTPA 曲线和电流极限圆交点 A 处,电机继续运行在恒转矩区。

为了最大程度上利用直流链电压,减小电流谐波,在升压过程中时刻保持最大调制比,具体控制方法如图 6.2 所示。通过 α 轴和 β 轴给定电压推算相电压幅值,判断定子相电压的给定是否超出直流链电压的约束。若定子相电压给定超出约束,则说明直流链电压需要升压,最大升压比的直流链电压给定如下:

$$U_{PN_2}^* = \frac{\sqrt{3}}{k} \cdot \sqrt{u_\alpha^2 + u_\beta^2} \tag{6.8}$$

若定子电压未超出约束,说明直流链电压还未完全利用,转速还有提高的空间,直流链电压给定不变。

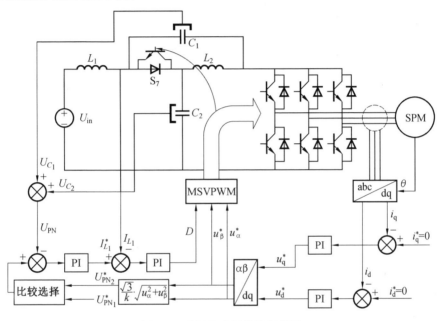

图 6.2　升压扩速间接控制框图

由于 α 轴和 β 轴电压通过前馈得到,因此上述方法属于间接控制。也可以通过转速和电流反馈值计算最大升压比的直流链电压给定,实现直接控制,如图 6.3 所示。直接控制的直流链电压给定如下:

$$U_{PN_2}^* = \frac{\sqrt{3}}{k} \cdot \sqrt{(\omega L_q i_q)^2 + (\omega L_d i_d + \omega \psi_f)^2} \tag{6.9}$$

为简化控制计算,令 $i_q = i_{qmax}$ 和 $i_d = 0$,则

$$U_{PN_2}^* = \frac{\sqrt{3}\sqrt{(L_q i_{qmax})^2 + (\psi_f)^2}}{k} \omega \tag{6.10}$$

此时转速与直流链电压给定成正比。事先测量电机的 q 轴电感和转子磁链等参数,就可根据转速得到直流链电压给定。

处于升压扩速状态时,直流链电压调制比 M 保持在最大值 k,直通占空比 d_s

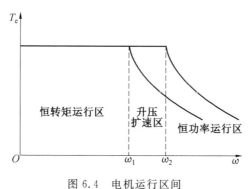

图 6.3　升压扩速直接控制计算

的最大值为 $1-k$，最大直流链电压为

$$U_{\text{PNmax}} = \frac{1}{2k-1}U_{\text{in}} \tag{6.11}$$

在 $i_d = 0$ 控制下，忽略定子电阻压降，升压扩速时输入电流近似为

$$I_{\text{in}} = \frac{\sqrt{3}\,k}{2(1-2d_s)}i_q = \frac{\sqrt{3}\,k}{2}\frac{U_{\text{PN}}}{U_{\text{in}}}i_q \tag{6.12}$$

电机恒转矩运行，输入电流与直流链电压呈线性关系，直流链电压达到最大时，输入电压也达到最大值，即

$$I_{\text{inmax}} = \frac{\sqrt{3}}{2}\frac{k}{2k-1}i_{\text{qmax}} \tag{6.13}$$

直流链电压最大值受到器件电压应力限制，输出电流最大值受到电源能力约束，所以升压扩速范围是有限的。当受到约束后，电压极限椭圆必须减小，此时可以采取弱磁控制方法，继续提高转速，电机进入恒功率运行区，运行区间如图 6.4 所示。

图 6.4　电机运行区间

6.3　Z 源驱动 PMSM 系统损耗模型

6.3.1　二极管和 IGBT 的最一般导通损耗

以二极管为例，假设二极管的理想导通压降为 U_{F0}，等效电阻为 r_{F}，则实际导

通压降 U_F 为

$$U_F = U_{F0} + ir_F \tag{6.14}$$

式中　i——流经二极管的电流瞬时值。

瞬时导通损耗 $P_{c\text{-dio}}$ 为

$$P_{c\text{-dio}} = U_F i = U_{F0} i + i^2 r_F \tag{6.15}$$

在损耗计算中,为了计算方便,往往用的是平均损耗 $P_{c\text{-dio(av)}}$,有

$$
\begin{aligned}
P_{c\text{-dio(av)}} &= \frac{1}{T} \int_0^T P_c \, \mathrm{d}t \\
&= U_{F0} \frac{1}{T} \int_0^T i \, \mathrm{d}t + r_F \frac{1}{T} \int_0^T i^2 \, \mathrm{d}t \\
&= U_{F0} \left(\frac{1}{T} \int_0^T i \, \mathrm{d}t \right) + r_F \left(\sqrt{\frac{1}{T} \int_0^T i^2 \, \mathrm{d}t} \right)^2 \\
&= U_{F0} i_{av} + r_F i_{rms}^2
\end{aligned}
\tag{6.16}
$$

式中　i_{av}、i_{rms}——电流平均值和有效值。

同理,IGBT 的平均导通损耗可表达为

$$P_{c\text{-IGBT(av)}} = U_{CE0} i_{av} + r_{CE} i_{rms}^2 \tag{6.17}$$

6.3.2　Z 源逆变器导通损耗

图 6.5 所示为 SVM 调制下第一扇区基本数学关系。

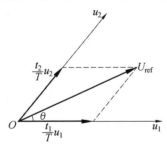

图 6.5　第一扇区

在第一扇区 $\left(0 \leqslant \omega t \leqslant \dfrac{\pi}{3} \right)$ 时,有

$$
\begin{cases}
t_1 = \dfrac{\sqrt{3}\, \hat{u}_{ref}}{u_{dc}} T \sin\left(\dfrac{\pi}{3} - \omega t \right) \\[3mm]
t_2 = \dfrac{\sqrt{3}\, \hat{u}_{ref}}{u_{dc}} T \sin \omega t
\end{cases}
\tag{6.18}
$$

对于 u 相,归一化的输出电压平均值[即调制函数 $M_u(\omega t)$]为

$$M_u(\omega t) = \frac{1}{T}(t_1 \times 1 + t_2 \times 1)$$

$$= \frac{\sqrt{3}\,\hat{u}_{\text{ref}}}{u_{\text{dc}}}\left[\sin \omega t + \sin\left(\frac{\pi}{3} - \omega t\right)\right]$$

$$= \frac{\sqrt{3}}{2}m\cos\left(\omega t - \frac{\pi}{6}\right) \tag{6.19}$$

式中 m—— 调制系数，$m = \dfrac{\hat{u}_{\text{ref}}}{u_{\text{dc}}/2}$。

占空比为

$$D_u(\omega t) = \frac{1 + M(\omega t)}{2} = \frac{1}{2} + \frac{\sqrt{3}}{4}m\cos\left(\omega t - \frac{\pi}{6}\right) \tag{6.20}$$

同理可推广至整个相角区间，有

$$D_u(\omega t) = \begin{cases} \dfrac{1}{2} + \dfrac{\sqrt{3}}{4}m\cos\left(\omega t - \dfrac{\pi}{6}\right), & 0 \leqslant \omega t + k\pi \leqslant \dfrac{\pi}{3} \\[2mm] \dfrac{1}{2} + \dfrac{\sqrt{3}}{4}m\cos \omega t, & \dfrac{\pi}{3} < \omega t + k\pi \leqslant \dfrac{2\pi}{3} \\[2mm] \dfrac{1}{2} + \dfrac{\sqrt{3}}{4}m\cos\left(\omega t + \dfrac{\pi}{6}\right), & \dfrac{2\pi}{3} < \omega t + k\pi \leqslant \pi \end{cases} \tag{6.21}$$

开关管 T_1 的导通损耗 $P_{\text{con T1}} = u_{\text{F0}}I_{\text{av}} + r_{\text{CE}}I_{\text{rms}}^2$，关键是求出电流平均值 I_{av} 和有效值平方 I_{rms}^2，即

$$I_{\text{av}} = \frac{1}{2\pi}\left[\int_{-\frac{\pi}{2}+\varphi}^{\frac{\pi}{2}+\varphi}\left(D_u(\omega t) - \frac{d_s}{2}\right)i_u(\omega t)\,\mathrm{d}\omega t + \int_{-\pi}^{\pi}d_s i_{us}(\omega t)\,\mathrm{d}\omega t\right] \tag{6.22}$$

式中   在简单 SVM 调制方式下，有

$$d_s = 1 - \frac{\sqrt{3}}{2}m, \quad i_u(\omega t) = \hat{I}_N\cos(\omega t - \varphi)$$

$$i_{us}(\omega t) = \frac{\hat{I}_N}{2}\left[\cos(\omega t - \varphi) + \frac{m\cos \varphi}{\sqrt{3}\,m - 1}\right]$$

将式(6.18)代入式(6.19)中得

$$I_{\text{av}} = \frac{\hat{i}_N}{4}m\left[\frac{3}{\pi} - \frac{\sqrt{3}\,m - 3}{2(\sqrt{3}\,m - 1)}\cos \varphi\right] \tag{6.23}$$

同理可求得

$$I_{\text{rms}}^2 = \frac{\hat{i}_N^2}{2\pi}m\left\{\frac{\sqrt{3}}{8}\left(\pi - \frac{1}{3}\right) + \cos \varphi - \frac{\sqrt{3}}{6}\cos^2 \varphi + \right.$$

$$\left. \pi\left(1 - \frac{\sqrt{3}}{2}m\right)\left[\frac{1}{4} + \frac{m^2\cos^2 \varphi}{2(\sqrt{3}\,m - 1)^2}\right]\right\} \tag{6.24}$$

于是，开关管导通损耗为

$$P_{\mathrm{con}\,T_1} = u_{\mathrm{F0}}\frac{\hat{i}_{\mathrm{N}}}{4}m\left[\frac{3}{\pi} - \frac{\sqrt{3}\,m - 3}{2\left(\sqrt{3}\,m - 1\right)}\cos\varphi\right] +$$

$$r_{\mathrm{CE}}\frac{\hat{i}_{\mathrm{N}}^2}{2\pi}m\left\{\frac{\sqrt{3}}{8}\left(\pi - \frac{1}{3}\right) + \cos\varphi - \frac{\sqrt{3}}{6}\cos^2\varphi + \right.$$

$$\left.\pi\left(1 - \frac{\sqrt{3}}{2}m\right)\left[\frac{1}{4} + \frac{m^2\cos^2\varphi}{2\left(\sqrt{3}\,m - 1\right)^2}\right]\right\} \tag{6.25}$$

续流二极管在开关管关断时导通

$$P_{\mathrm{con}\,D_1} = u_{\mathrm{D}_0}I_{\mathrm{av}} + r_{\mathrm{D}}I_{\mathrm{rms}}^2$$

$$= u_{\mathrm{D}_0} \cdot \frac{1}{2\pi}\int_{-\frac{\pi}{2}+\varphi}^{\frac{\pi}{2}+\varphi}\left(1 - D_u(\omega t) - \frac{d_s}{2}\right)i_u(\omega t)\,\mathrm{d}\omega t +$$

$$r_{\mathrm{D}} \cdot \frac{1}{2\pi}\int_{-\frac{\pi}{2}+\varphi}^{\frac{\pi}{2}+\varphi}\left(1 - D_u(\omega t) - \frac{d_s}{2}\right)i_u^2(\omega t)\,\mathrm{d}\omega t$$

$$= u_{\mathrm{D}_0} \cdot \frac{\hat{i}_{\mathrm{N}}}{4}m\left(\frac{3}{\pi} - \frac{1}{4}\cos\varphi\right) + r_{\mathrm{D}} \cdot \frac{\hat{i}_{\mathrm{N}}^2}{2\pi}m\left[\frac{\sqrt{3}}{8}\left(\pi + \frac{1}{3}\right) - \cos\varphi + \frac{\sqrt{3}}{6}\cos^2\varphi\right]$$

$$\tag{6.26}$$

在计算输入侧二极管 D_7 导通损耗时，为简化计算，认为电感足够大，即忽略电感电流的高频分量（图 6.6）。

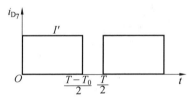

图 6.6　输入侧二极管电流波形

由 $\dfrac{1}{\dfrac{T}{2}}\displaystyle\int_0^{\frac{T-T_0}{2}}I'\mathrm{d}t = I_L$ 得

$$I' = \frac{T}{T - T_0}I_L \tag{6.27}$$

输入侧电流平均值等于电感电流直流分量。

于是，输入侧二极管导通损耗为

$$P_{\mathrm{con}\,D_7} = u_{\mathrm{D}_0}I_{D_7\,\mathrm{av}} + r_{\mathrm{D}}I_{D_7\,\mathrm{rms}}^2$$

$$= u_{\mathrm{D}_0}I_L + r_{\mathrm{D}}\frac{1}{T/2}\int_0^{\frac{T-T_0}{2}}(I')^2\mathrm{d}t$$

$$= \frac{3}{4} \left[u_{D_0} + r_D \hat{i}_N \frac{\sqrt{3} \cos \varphi}{2(\sqrt{3}\,m - 1)} \right] \frac{m}{\sqrt{3}\,m - 1} \hat{i}_N \cos \varphi \qquad (6.28)$$

6.3.3　Z 源逆变器开关损耗模型

逆变桥开关管开关损耗为

$$P_{sT_1} = f_s (E_{on} + E_{off}) \left(\frac{1}{\pi} \frac{\hat{u}_{dc}}{u_{ref}} \frac{\hat{I}_N}{i_{ref}} + \frac{\hat{u}_{dc}}{u_{ref}} \frac{\frac{2}{3} I_L}{i_{ref}} \right)$$

$$= \frac{1}{\pi} f_s (E_{on} + E_{off}) \frac{\hat{u}_{dc}}{u_{ref}} \frac{\hat{I}_N}{i_{ref}} \left[1 + \frac{\pi m}{2(\sqrt{3}\,m - 1)} \cos \varphi \right]$$

$$= \frac{1}{\pi} f_s (E_{on} + E_{off}) \frac{u_{in}}{u_{ref}} \frac{\hat{I}_N}{i_{ref}} \frac{1}{\sqrt{3}\,m - 1} \left[1 + \frac{\pi m}{2(\sqrt{3}\,m - 1)} \cos \varphi \right] \qquad (6.29)$$

逆变器续流二极管开关损耗为

$$P_{sD_1} = \frac{1}{\pi} f_s E_{rec} \frac{\hat{u}_{dc}}{u_{ref}} \frac{\hat{I}_N}{i_{ref}} = \frac{1}{\pi} f_s E_{rec} \frac{u_{in}}{u_{ref}} \frac{\hat{I}_N}{i_{ref}} \frac{1}{\sqrt{3}\,m - 1} \qquad (6.30)$$

Z 源输入侧二极管开关损耗为

$$P_{sD_7} = 2 f_s E_{rec} \frac{\dfrac{u_C - u_{in}}{u_{ref}} \dfrac{T}{T - T_0} I_L}{i_{ref}}$$

$$= 2 f_s E_{rec} \frac{\dfrac{u_C - u_{in}}{u_{ref}} \dfrac{T}{T - T_0} \dfrac{3}{4} \dfrac{m}{\sqrt{3}\,m - 1} \hat{I}_N \cos \varphi}{i_{ref}}$$

$$= 2 f_s E_{rec} \frac{\dfrac{\left[\dfrac{\sqrt{3}\,m}{2(\sqrt{3}\,m - 1)} - 1 \right] u_{in}}{u_{ref}} \dfrac{1}{\sqrt{3}} \dfrac{3}{2} \dfrac{1}{\sqrt{3}\,m - 1} \hat{I}_N \cos \varphi}{i_{ref}}$$

$$= f_s E_{rec} \frac{u_{in}}{u_{ref}} \frac{\hat{I}_N}{i_{ref}} \frac{(2\sqrt{3} - 3m) \cos \varphi}{2(\sqrt{3}\,m - 1)^2} \qquad (6.31)$$

6.3.4　永磁同步电机损耗模型

PMSM 在非极高速状态下(1 万转以下),永磁体转子的损耗可以不予考虑。对于定子绕组损耗,由于机械损耗和杂散损耗不可控,同时占的比例又较低,所以在 PMSM 损耗建模时只考虑定子绕组的铜损和铁损。

从本体设计方面,对铁损的计算主要有 ansoft 和解析计算方法,为追求精确度,计算过程往往很复杂。从控制层面上讲,对铁损的考虑普遍采用了类似于感应电机铁损电阻的思路。以下是文献中通常采用的铜损、铁损的建模方式。图 6.7 中 R_s、R_{Fe} 分别为绕组电阻和等效铁损电阻。

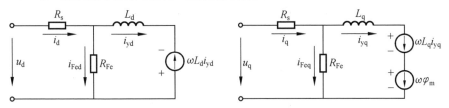

图 6.7　永磁同步电机 dq 轴等效电路

铜损为

$$P_{Cu} = \frac{3}{2} R_s (i_d^2 + i_q^2) \tag{6.32}$$

铁损为

$$P_{Fe} = \frac{3}{2} R_{Fe} (i_{Fed}^2 + i_{Feq}^2) \tag{6.33}$$

主要是确定铁损电阻 R_{Fe} 及等效电流 i_{Fed}、i_{Feq}。

根据铁损产生的机理,铁损可分为磁滞损耗和涡流损耗,由 Steinmetz 公式得到永磁同步电机的两项损耗分别为

$$P_h = k_h B^\beta p \omega m_{st} \tag{6.34}$$
$$P_e = k_e B^2 p^2 \omega^2 m_{st} \tag{6.35}$$

式中　k_h——磁滞损耗系数;

　　　k_e——涡流损耗系数;

　　　B——磁感应强度的峰值,T;

　　　β——Steinmetz 常数(1.8 ～ 2.0);

　　　m_{st}——定子铁芯质量,kg。

对于永磁同步电机铁芯的磁感应强度,由于其主要取决于永磁体产生的磁感应强度,可以认为 B 为常值;同时对于一般性能的硅钢片,k_h 为 40 ～ 50,k_e 为 0.04 ～ 0.07,因此基速以下磁滞损耗远远大于涡流损耗,可以忽略涡流损耗。总的铁损近似等于磁滞损耗并与电机的转速成正比。电机运行时,旋转电势远远大于变压器电势。考虑图中的等效电路,忽略变压器电势时,等效铁损电阻两端的电压降等于旋转电势,因此铁损为

$$P_{Fe} = \frac{3}{2} p^2 \omega^2 \frac{(L_d i_{yd} + \psi_f)^2 + (L_q i_{yq})^2}{R_{Fe}} \tag{6.36}$$

$$R_{Fe} = \frac{\omega}{\omega_b} R_{Feb}$$

式中　ω_b、R_{Feb}——分别为基速转速和铁损电阻。最终铁损表达式为

$$P_{\mathrm{Fe}} = \frac{3}{2} R_{\mathrm{Feb}} \frac{\omega}{\omega_{\mathrm{b}}} (i_{\mathrm{Fed}}^2 + i_{\mathrm{Feq}}^2) \qquad (6.37)$$

由电压电流关系可得到

$$
\begin{cases}
i_{\mathrm{Fed}} = \dfrac{\omega L_{\mathrm{q}}}{\left(\dfrac{\omega}{\omega_{\mathrm{b}}} R_{\mathrm{Feb}}\right)^2 + \omega^2 L_{\mathrm{d}} L_{\mathrm{q}}} \left(\omega L_{\mathrm{d}} L_{\mathrm{q}} - \dfrac{\omega}{\omega_{\mathrm{b}}} R_{\mathrm{Feb}} i_{\mathrm{q}} + \omega \psi_{\mathrm{f}}\right) \\[4mm]
i_{\mathrm{Feq}} = \dfrac{\omega L_{\mathrm{d}}}{\left(\dfrac{\omega}{\omega_{\mathrm{b}}} R_{\mathrm{Feb}}\right)^2 + \omega^2 L_{\mathrm{d}} L_{\mathrm{q}}} \left(\omega L_{\mathrm{d}} L_{\mathrm{q}} + \dfrac{\omega}{\omega_{\mathrm{b}}} R_{\mathrm{Feb}} i_{\mathrm{d}} + \dfrac{\dfrac{\omega}{\omega_{\mathrm{b}}} R_{\mathrm{Feb}}}{L_{\mathrm{d}}} \psi_{\mathrm{f}}\right)
\end{cases}
\qquad (6.38)
$$

6.4 升压扩速方案仿真

使用 Matlab 仿真软件搭建准 Z 源逆变器电机驱动系统,分别进行 $i_{\mathrm{d}} = 0$ 控制下的无升压扩速、间接控制升压扩速和直接控制升压仿真。在仿真系统中,输入电压为 160 V,直流链电压初始给定 180 V,负载转矩为 5 N·m,相应的 q 轴电流为 5 A。给定转速从 400 r/min 上升至 1 300 r/min,仿真结果如图 6.8 ~ 6.10 所示。

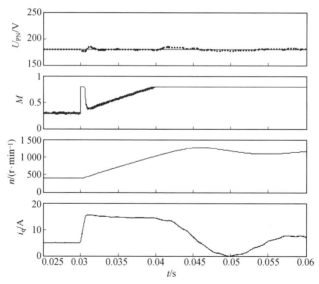

图 6.8　无升压扩速仿真波形

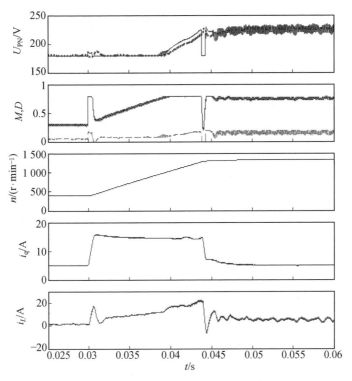

图 6.9　间接控制升压扩速仿真波形

图 6.8 从上至下分别为直流链电压及其给定、调制比、电机转速、q 轴电流。直流链电压用两个电容电压之和表示。0.03 s 时,转速给定升高,q 轴电流上升到 15 A 并保持不变,匀加速驱动电机。在电流建立过程中,电流调节器出现短暂饱和,调制比突升到最大值 $M=0.75$,调节器在电流建立后退饱和,调制比下降。0.04 s 时,随着转速升高,调制比到达最大值 0.75 时,对应的转折速度为 1 030 r/min。d、q 轴电感为 3.34 mH,转子磁链为 0.171 Wb,极对数为 4,可以算出直流链电压 180 V、q 轴电流 15 A 对应的转折速度为 1 044 r/min,两者近似相等。此后电流调节器饱和,失去对电机的控制能力,转速和 q 轴电流出现了振荡。

图 6.9 从上至下分别为直流链电压及其给定、调制比和直通占空比、电机转速、q 轴电流,输入电感电流。直流链电压用两个电容电压之和表示。0.04 s 前,转速未到达转折速度,各变量变化情况与图 6.8 相同。在 0.04 s 后,系统检测到当前所需直流链电压大于直流链电压给定,系统开始升压扩速。直流链电压(虚线)升高,电压极限圆扩大,电流调节器退饱和,q 轴电流恢复 15 A。电流工作点

保持在 MTPA 曲线和电流极限圆交点 A 处,系统恒转矩输出。调制比保持在最大值 0.75,说明直流链电压给定(实线)按照式(6.21)的策略给出,直流链电压紧密跟随给定。升压扩速期间,输入电流与直流链电压呈正比,图中最大直流链电压为 218 V,根据式(6.12)算出最大输入电流为 23 A,仿真结果为 22 A,两者近似相等。0.043 s 时,转速接近给定后,为降低 q 轴电流,q 轴电压给定需要经过一系列调整。由于直流链电压给定的计算与相电压有关,因此直流链电压在这暂态过程也发生波动。进入稳态后,转速保持在 1 300 r/min,直流链电压保持在 225 V,调制比依然保持在最大值 0.75。

图 6.10 从上至下分别为直流链电压及其给定、调制比和直通占空比、电机转速、q 轴电流和输入电感电流。直流链电压用两个电容电压之和表示。与间接控制相比,直接控制升压扩速方法的直流链电压给定在加速起始和结束过程中没有出现突变,给定更加平滑,其余变化过程基本相同。

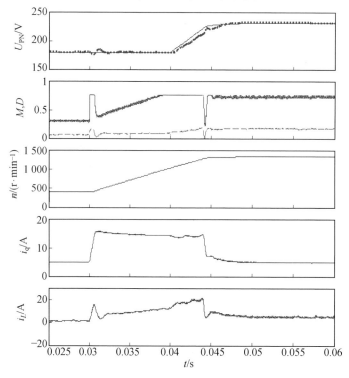

图 6.10　直接控制升压扩速仿真波形

本 章 小 结

  本章论述了 Z 源驱动永磁同步电机的方案,分析了加入 Z 源网络后对永磁同步电机转速、转矩范围的拓展;对分析结果进行了 Matlab 仿真验证;最后,对系统逆变器的导通和开关损耗及永磁同步电机的铜损和铁损进行了分析。

第7章

新能源汽车用表贴式永磁同步电机驱动系统设计

本章对基于 Z 源永磁同步电机驱动系统的设计方案进行论述。首先建立了永磁同步电机解耦后在 dq 轴系下的数学模型,总结分析了电机的电流调节器、转速调节器设计方法,再使用感应电机作为负载电机,与 PMSM 同轴对拖连接,通过电机转矩控制实验验证电机电流环的稳态和动态特性良好。其次设计直流链电压闭环,通过直流链电压控制实验说明双向 Z 源逆变器避免了非正常工作状态,在高速轻载条件下直流链电压能够保持稳定无畸变。重点表现出了直流链电压在系统启动和输入电压、负载电流变化时都具有良好的动态特性。最后通过负载突变仿真和实验证明,相比于直流链电压反馈控制系统,复合控制系统抑制直流链电压波动的能力更强。

本章进行 Z 源－表贴式永磁同步电机(SPMSM)驱动系统的设计,包括直流链电压控制和电机控制。直流链电压的控制变量为直通占空比,电机的控制变量为有效矢量占空比,控制变量相互独立不存在耦合。因此,根据功能和控制变量,将闭环系统划分为直流链电压闭环和电机转速闭环。直流链电压闭环的目的是使直流链电压跟随给定电压,抵抗输入电压和负载电流变化带来的干扰;电机转速闭环的目的是使电机转速跟随给定电压,抵抗来自负载和输入电压的干扰。

然而从结构上看,Z 源逆变器的直流链电压闭环和电机转速闭环共用一套开关电路,存在耦合。减小耦合的方法是对两个闭环系统的动态特性进行差别设计。整套系统最根本的控制目标还是电机的电磁转矩,优先考虑电机控制。而且在一个既有直流侧又有交流侧的系统中,直流侧的动态响应应该慢于交流侧的动态响应,因此直流链电压环的截止频率应该低于电机电流环的截止频率。

7.1　电机电流调节器设计

电机转速闭环内环为电流环,外环为转速环,先设计电流内环。电流环由电流调节器、逆变器和电机组成。逆变器可以近似看作一阶惯性环节,永磁同步电机通过坐标变换解耦,得到如下 dq 轴系下的数学模型:

$$\begin{cases} u_{\mathrm{d}} = R_{\mathrm{d}} i_{\mathrm{d}} + L_{\mathrm{d}}\,\dfrac{\mathrm{d}i_{\mathrm{d}}}{\mathrm{d}t} - \omega L_{\mathrm{q}} i_{\mathrm{q}} \\[2mm] u_{\mathrm{q}} = R_{\mathrm{q}} i_{\mathrm{q}} + L_{\mathrm{q}}\,\dfrac{\mathrm{d}i_{\mathrm{q}}}{\mathrm{d}t} + \omega \psi_{\mathrm{f}} + \omega L_{\mathrm{d}} i_{\mathrm{d}} \\[2mm] T_{\mathrm{e}} = \dfrac{3}{2} p_0 \left[\psi_{\mathrm{f}} i_{\mathrm{q}} + (L_{\mathrm{d}} - L_{\mathrm{q}}) i_{\mathrm{d}} i_{\mathrm{q}} \right] \\[2mm] J\,\dfrac{\mathrm{d}\Omega}{\mathrm{d}t} = T_{\mathrm{e}} - T_1 - R_{\Omega}\Omega \end{cases} \tag{7.1}$$

式中　　u_{d}、u_{q}——d、q 轴绕组端电压;

i_d、i_q——d、q 轴绕组电流;

L_d、L_q——d、q 轴绕组等效电感;

R_d、R_q——d、q 轴绕组等效电阻;

p_0——极对数;

T_e、T_l——电磁转矩和负载转矩;

ω、Ω——电角速度和机械角速度;

J——负载转动惯量;

ψ_f——转子磁链;

R_Ω——阻力转矩系数。

坐标变换后,电机绕组分解为励磁绕组和转矩绕组,因此,电流环也分为励磁电流环和转矩电流环。虽然两环独立,但是在控制方法上是一样的,控制参数设置一般相同,以转矩电流环为设计范例。电流控制策略采用矢量控制,电流控制方式采用 $i_d = 0$,具体实现方式选择电流反馈近似解耦控制,忽略交叉耦合项。根据式(7.1)数学模型导出转矩电流环控制框图,如图 7.1 所示。

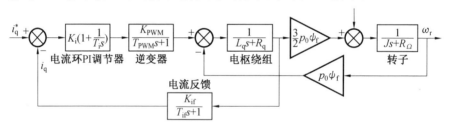

图 7.1 转矩电流环控制框图

在电流环设计时,忽略反电势对电流环的影响,将电流反馈和 PWM 逆变器两个小惯性环节等效合成一个小惯性环节,如图 7.2 所示,得到电流环控制对象传递函数为

$$G_{io} = \frac{K_{if}K_{PWM}}{R_q\left(\frac{L_q}{R_q}s+1\right)(T_{PWM}s+1)(T_{if}s+1)} \approx \frac{K_{if}K_{PWM}}{R_q\left(\frac{L_q}{R_q}s+1\right)(T_{eq}s+1)} \quad (7.2)$$

式中　K_{if}——电流反馈环节放大倍数;

　　　T_{if}——电流反馈环节滤波时间常数;

　　　K_{PWM}——逆变器放大倍数;

　　　T_{PWM}——逆变器时间常数;

　　　T_{eq}——等效小惯性环节时间常数,$T_{eq} = T_{if} + T_{PWM}$。

至此,电流环控制对象由两个一阶惯性环节串联而成。电流环的目的是快

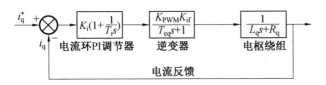

图 7.2　转矩电流环简化框图

速跟随给定,尽量减小超调,因此选用 PI 调节器,用调节器零点消除时间常数较大的极点,即

$$T_i = \frac{L_q}{R_q} \qquad (7.3)$$

将电流环校正为一阶环节,即

$$G_{io} = \frac{K_i K_{if} K_{PWM}}{R_q T_i s (T_{eq} s + 1)} \qquad (7.4)$$

按照二阶最佳原则,即

$$\frac{K_i K_{if} K_{PWM} T_{eq}}{R_q T_i} = 0.5 \qquad (7.5)$$

得到电流环 PI 调节器的设计公式为

$$\begin{cases} T_i = \dfrac{L_q}{R_q} \\[2mm] K_i = \dfrac{L_q}{2 K_{if} K_{PWM} T_{eq}} \end{cases} \qquad (7.6)$$

电流环开环传递函数最终校正结果为

$$G_{io} = \frac{1}{2 T_{eq} s (T_{eq} s + 1)} \qquad (7.7)$$

由式(7.7)可知,在噪声允许范围内,尽可能提高 PWM 频率,减小电流滤波常数,能够有效提高系统的动态响应特性。根据表 7.1,电流环 PI 控制器设置为:积分常数 $T_i = 0.006$,放大倍数 $K_i = 0.6$。变频器的开关频率为 10 kHz,校正后电流环截止频率为 955 Hz,截止频率为开关频率的 1/10,能够有效减小开关频率相关谐波的干扰,同时保证有足够的带宽,满足系统响应要求。

表 7.1　转矩电流环参数

K_{if}	K_{PWM}	T_{if}	T_{PWM}	r_q/Ω	L_q/mH
1/29	$300/\sqrt{3}$	1×10^{-6}	1×10^{-4}	0.12	0.69

7.2 电机转速调节器设计

转速环包括电流闭环、电机、负载和转速反馈环节,如图 7.3 所示。进行转速环设计时,忽略负载电流扰动的影响和摩擦系统影响。

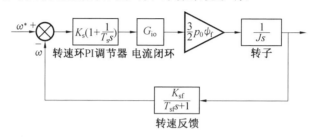

图 7.3 转速环框图

在 T_{eq} 足够小的情况下,电流环开环传递函数可以进一步简化为

$$G_{io} = \frac{1}{2T_{eq}s} \qquad (7.8)$$

假设电流给定滤波时间常数和反馈滤波时间常数相等,电流环闭环传递函数为

$$G_{io} = \frac{1}{K_{if}(2T_{eq}s+1)} \qquad (7.9)$$

与电流环一样,将两个小惯性环节合并为一个惯性环节。速度环控制对象开环传递函数为

$$G_{so} = \frac{3K_{sf}p_0\psi_f}{2K_{if}Js(2T_{eq}s+1)(T_{sf}s+1)} \approx \frac{3K_{sf}p_0\psi_f}{2K_{if}Js(T_{eq2}s+1)} \qquad (7.10)$$

式中 K_{sf}——转速反馈环节放大倍数;

T_{sf}——转速反馈环节滤波时间常数;

T_{eq2}——等效小惯性环节 2 的时间常数,$T_{eq2}=2T_{eq}+T_{sf}$。

速度环控制对象为一个惯性环节和一个积分环节串联。为满足速度无静差、动态响应快的要求,选用 PI 调节器。将速度环校正成典型 Ⅱ 型系统,转速环开环传递函数为

$$G_{so} = \frac{3p_0\psi_fK_sK_{sf}(T_ss+1)}{2K_{if}T_sJs^2(T_{eq2}s+1)} \qquad (7.11)$$

对于典型 Ⅱ 型系统的校正一般需要引入中频宽概念,即

$$h = \frac{T_s}{T_{eq2}} \tag{7.12}$$

放大倍数与中频宽关系为

$$\frac{3p_0\psi_f K_s K_{sf}}{2K_{if}T_s J} = \frac{h+1}{2T_s^2} \tag{7.13}$$

一般情况下,按照三阶最佳校正,当 $h=4$ 时,系统的调节时间最短,即

$$\begin{cases} T_s = 4T_{eq2} \\ K_s = \dfrac{5K_{if}J}{12p_0\psi_f T_{eq2}} \end{cases} \tag{7.14}$$

转速开环传递函数最终校正结果为

$$G_{so} = \frac{4T_{eq2}s+1}{8T_{eq2}^2 s^2 (T_{eq2}s+1)} \tag{7.15}$$

转速闭环传递函数为

$$G_{sc} = \frac{4T_{eq2}s+1}{8T_{eq2}^2 s^2 (T_{eq2}s+1)+4T_{eq2}s+1} \tag{7.16}$$

根据表 7.2,转速 PI 控制器设置为:积分常数 $T_s = 0.000\,8$,放大倍数 $K_s = 4$。校正后转速环截止频率为 508 Hz。

表 7.2　转速环参数

K_{sf}	T_{sf}	T_{eq2}	p_0	ψ_f/Wb	$J/(\text{kg}\cdot\text{m}^2)$
1/2 000	3×10^{-6}	2×10^{-4}	4	0.145 8	0.032

7.3　转矩控制实验

实验条件:感应电机做负载电机,与 PMSM 同轴对拖连接。q-ZSI 逆变器和 G7 变频器共母线连接,G7 做负载电机驱动。实验时,由 G7 提供 200~2 000 r/min 恒转速控制,给定 PMSM 控制器 0—满载转矩指令。保持两电机反向转动,使 PMSM 工作于电动状态,负载电机工作于发电状态。

1. 动态特性

分别给定转矩指令为 50% 额定转矩和 1 倍额定转矩($23\ \text{N}\cdot\text{m}$),观测动态响应特性,如图 7.4 和图 7.5 所示。给定 i_q^* 为深蓝色,实际 i_q 为绿色,相电流 i_a 为浅蓝色。

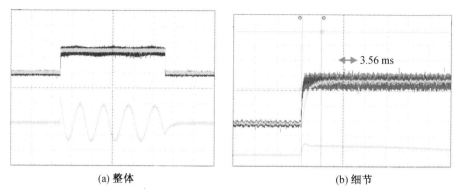

(a) 整体   (b) 细节

图 7.4　50%额定转矩电流响应曲线

可以看出:50%额定转矩下,电流环(转矩环)响应时间为 3.56 ms,低于工程要求的 50 ms 响应时间。满足工程上电流环 PI 输出无超调的要求,保证了相电流波形没有过载现象。

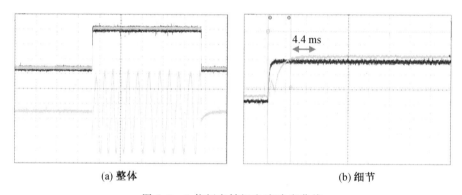

(a) 整体   (b) 细节

图 7.5　1 倍额定转矩电流响应曲线

可以看出:1 倍额定转矩下,电流环(转矩环)响应时间为 4.4 ms,低于工程要求的 50 ms 响应时间。满足工程上电流环 PI 输出无超调的要求,保证了相电流波形没有过载现象。

2.稳态特性

稳态时,低速轻载、低速重载、高速轻载、高速重载 4 种工况下的相电流波形如图 7.6 所示。

明显看出高速轻载时,电流波形畸变严重,低速重载时电流正弦度最好。因为电流检测环节的精度影响,电流幅值越小,电流采样失真越严重。闭环系统中反馈通道的误差会直接影响整体系统的性能,所以输出电流发生畸变。电流环设计时忽略了反电势的影响。高速时,反电势较大,对电流环的干扰更严重,波

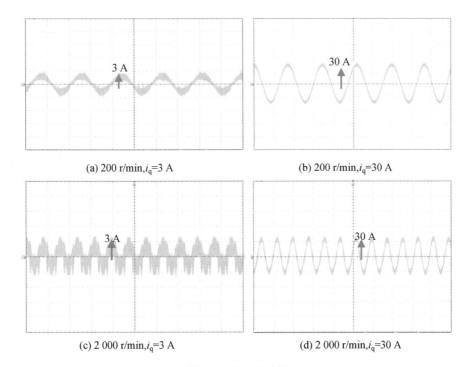

(a) 200 r/min, i_q=3 A　　　　　　　　(b) 200 r/min, i_q=30 A

(c) 2 000 r/min, i_q=3 A　　　　　　　　(d) 2 000 r/min, i_q=30 A

图 7.6　稳态相电流

形正弦度受到破坏。

7.4　直流链电压闭环设计

　　直通占空比到直流链电压传递函数中含有右半平面零点,为非最小相位系统。Z 源网络系统是非线性系统,即使以某一静态工作点进行小信号线性化设计,也不能保证在大信号下系统的动态响应和稳定性。传统 DC/DC 变换器,如 Boost 电路和 Buck/Boost 电路也存在以上问题,一般解决该问题的方法是采用电感电流内环、电容电压外环的双环结构。因此,直流链电压闭环采用输入电感电流内环、直流链电压外环的反馈控制结构,如图 7.7 所示。

　　并且,直流链电压外环截止频率在设计时应该使其远小于右半平面零点的转折频率,这样可以避开非最小相位系统对系统稳定性的影响,也应该小于交流侧截止频率,以减小耦合。

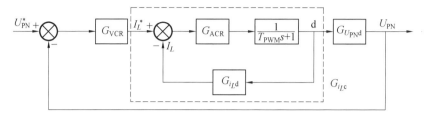

图 7.7　直流链电压环闭环控制框图

7.4.1　反馈控制

先设计输入电感电流内环,电流内环控制对象开环传递函数为

$$G_{i_L o} = \frac{G_{i_L d_s}}{T_{\text{PWM}}+1} \tag{7.17}$$

图 7.7 表明,校正前电流环控制对象增益裕度为 $+\infty$,相角裕度为 $11°$,截止频率为 $10\ \text{kHz}$。虽然处在稳定状态,但是相角裕度不符合工程要求,而且截止频率太大,电流环截止频率一般设置在 $\frac{1}{10}$ 开关频率附近。只选用比例环节减小增益,相角裕度增大,稳定性满足要求,但是截止频率反而太小,系统响应过慢。加入积分环节可以提高低频段的增益,同时抑制高频噪声的影响。选择 PI 调节器如下:

$$G_{\text{ACR}} = 0.02 + \frac{20}{s} \tag{7.18}$$

校正后开环传递函数增益裕度为 $+\infty$,相角裕度提高到 $54°$,系统稳定性提高。电流环截止频率下降至 $1\ 090\ \text{Hz}$,抑制高频噪声同时兼顾响应速度。

电压外环控制对象开环传递函数为

$$G_{u_{\text{PN}} o} = G_{i_L o} G_{u_{\text{PN}} d_s} \tag{7.19}$$

控制对象存在右半平面零点,是非最小相位系统,非最小相位环节转折频率为 $1\ 146\ \text{Hz}$。图 7.8 显示,校正前控制对象增益裕度为 $1.57\ \text{dB}$,相角裕度为 $20.7°$,截止频率为 $916\ \text{Hz}$,系统稳定。根据之前的原则,直流链电压环截止频率应该远小于交流侧截止频率和非最小相位环节的转折频率,所以选用比例环节减小增益。电压外环的作用是准确跟随给定,加入积分环节。选用 PI 调节器对系统进行校正,即

$$G_{\text{VCR}} = 0.3 + \frac{20}{s} \tag{7.20}$$

校正后系统增益裕度为 $12\ \text{dB}$,相角裕度为 $89.9°$,系统稳定性提高。电压环

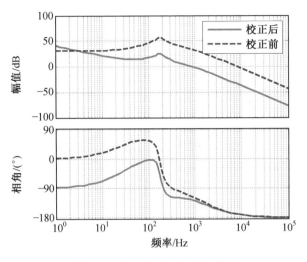

图 7.8　输入电感电流环波特图

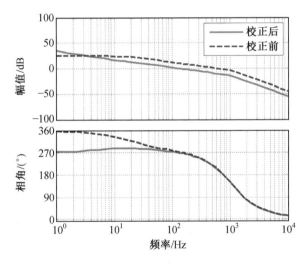

图 7.9　直流链电压环波特图

截止频率为 205 Hz,减小与交流侧的耦合,避开非最小相位环节的干扰,抗扰性能提高。

至此,电机转速闭环设计和直流链电压闭环设计都已完成,整体的系统控制框图如图 7.10 所示。

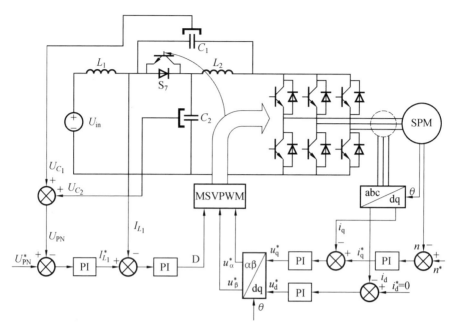

图 7.10　q-ZSI 永磁同步电机驱动系统控制框图

7.4.2　复合控制

负载电流和输入电压的变化会对直流链电压造成扰动。在复杂的工况下，如电动汽车运行环境，负载功率变化对直流链电压的扰动尤其明显，即使有电压反馈闭环也不能保证有良好的动态响应和稳态精度。为了抑制负载功率变化对直流链电压的扰动，在电压反馈控制基础上加入功率前馈校正，组成复合控制系统，如图 7.11 所示。

前馈控制环节的加入不影响反馈控制器参数的设计过程，而且如果前馈控制设计得当，可以近似认为功率扰动完全抵消，反馈环节可以按照空载工况进行设计。但必须注意到，前馈控制是在反馈系统上进行的优化，如果系统只有前馈控制必然不能得到良好的控制效果，可能还会导致系统的不稳定。

前馈校正前，负载功率到直流链电压的传递函数为

$$G_{u_{\mathrm{PN}}P_{\mathrm{e}}} = \frac{G_{u_{\mathrm{PN}}i_{\mathrm{o}}}/U_{\mathrm{PN}}}{(1+G_{\mathrm{VCR}}G_{u_{\mathrm{PN}}\mathrm{o}})} \tag{7.21}$$

前馈校正后，负载功率到直流链电压的传递函数为

$$G'_{u_{\mathrm{PN}}P_{\mathrm{e}}} = \frac{G_{u_{\mathrm{PN}}i_{\mathrm{o}}}/U_{\mathrm{PN}} - F \cdot G_{u_{\mathrm{PN}}\mathrm{o}}/U_{\mathrm{in}}}{(1+G_{\mathrm{VCR}}G_{u_{\mathrm{PN}}\mathrm{o}})} \tag{7.22}$$

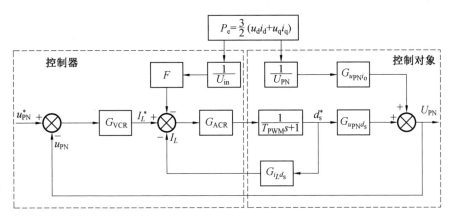

图 7.11　直流链电压复合控制框图

理论上只要满足式(7.22)就能够完全消除功率对直流链电压的扰动,但实际上由于控制器和对象都是包含惯性的装置,这就要求前馈调节器 F 是一个理想的高阶微分环节,这在物理上是无法实现的。

$$F = \frac{U_{in} G_{u_{PN} i_s}}{U_{PN} G_{u_{PN} o}}\qquad(7.23)$$

为了简化前馈调节器 F 的设计,在电流内环带宽远大于电压外环时,可以认为电流内环是一个比例环节。最终前馈调节器 F 如下:

$$F = \frac{U_{in} G_{u_{PN} i_o}}{U_{PN} K_{i_L} G_{u_{PN} d_s}} = \frac{0.06s + 24}{-0.06s + 432}\qquad(7.24)$$

图 7.12 是前馈校正前后负载功率到直流链电压传递函数幅频特性曲线。明显看出加入前馈校正后,传递函数在低频段的幅值增益减小,说明前馈校正加强了系统对功率扰动的抑制能力,动态特性得到改善。

利用 Matlab 仿真软件搭建了准 Z 源逆变器电机控制系统。分别在反馈控制和复合控制下进行负载功率突变的仿真,比较两种控制方法下直流链电压的动态性能。图 7.13 为反馈控制和复合控制方法下的负载电流突变仿真波形,从上至下分别为直流链电压、电感电流、相电流波形,其中直流链电压波形用两个电容电压之和表示。

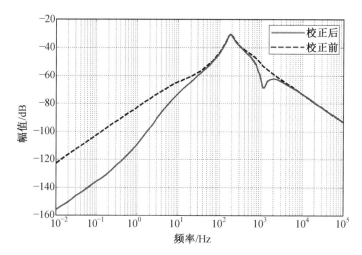

图 7.12　负载功率到直流链电压传递函数幅频特性曲线

　　0.04 s 时负载突增,相电流幅值从 3 A 升高至 15 A,阻抗网络瞬间输出大电流导致直流链电压出现突降。为弥补电压跌落,输入电源为阻抗网络充电,输入电感电流出现突升,复合控制下的电感电流上升速度快于反馈控制。直流链电压给定为 300 V,反馈控制方法下的直流链电压在此动态过程出现了 −25 V 的跌落,复合控制方法下的直流链电压波动为 ±5 V,复合控制更好地弥补了电压跌落。

　　0.08 s 时负载突减,相电流幅值从 15 A 回落到 3 A,阻抗网络被瞬间充电,直流链电压被抬高。为降低电压,输入电感电流减小,复合控制下的电感电流下降速度快于反馈控制。反馈控制方法下的直流链电压出现了 18 V 的抬升,复合控制方法下的直流链电压抬升只有 10 V,复合控制更好地消除了电压抬高。

　　上述仿真结果表明,与反馈控制相比,复合控制方法对直流链电压波动有更强的抑制效果。

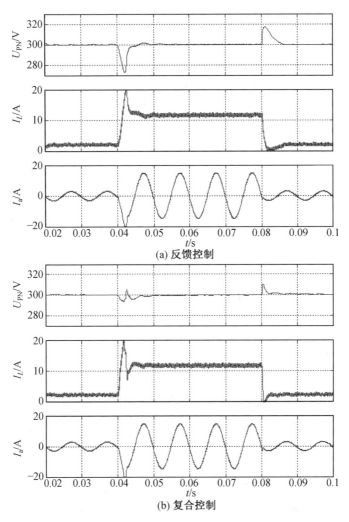

(a) 反馈控制

(b) 复合控制

图 7.13　负载电流突变仿真波形

7.4.3　直流链电压控制实验

实验条件:输入直流电压为 230 V,升压后直流链电压控制在 300 V。

1. 稳态特性

与单向 q-ZSI 相比,双向 q-ZSI 能够克服非正常工作状态,拓宽负载区间。图 7.14 给出了单向 q-ZSI 和双向 q-ZSI 在电机高速轻载条件下的相关稳态波形。图 7.14(a)显示,单向 q-ZSI 出现了非正常工作状态。轻载时,电感电流较小且二极管电流无法反向,有效矢量状态下电感电流无法满足$2i_L=i_{PN}+i_D$的条件,电感电流断续,二极管被反向阻断,电感不再被电容电压钳位,直流链电压出现畸变;图7.14(b)所示电流波形正常,说明双向Z源网络中原本流经二极管的电流能够通过反向并联的开关管反向续流,电感继续被电容电压钳位,直流链电压无畸变,稳定在300 V。

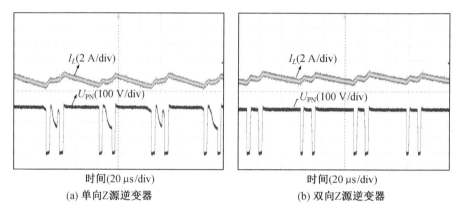

图 7.14　高速轻载工况 q-ZSI 稳态波形

2.动态特性

图7.15所示为q-ZSI启动波形。直流链电压从230 V上升并稳定在300 V,响应时间为18 ms,基本无超调。启动之初电感电流调节器饱和,电感电流出现过冲。后来调节器退饱和,电感电流先增后减,增大是为了提高非直通状态下为电容电压充电的速率,而实际电压接近给定时,电感电流开始下降,电容电压充电速率减小,逐渐达到稳态平衡。图7.16为q-ZSI抗输入电压扰动波形。输入电压从270 V下降至200 V,直流链电压保持300 V稳定。

图7.17为q-ZSI抗负载电流扰动波形。直流链电压给定为200 V,电机转速保持在1 200 r/min,相电流幅值从4 A上升到20 A,然后再下降至4 A。反馈控制下,直流链电压围绕200 V波动,波动范围为187~210 V;复合控制下,直流链电压围绕200 V波动,波动范围为192~205 V。说明复合控制对直流链电压波动有更强的抑制能力。

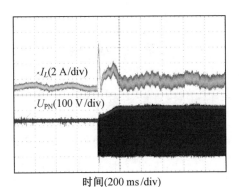

时间(200 ms/div)

图 7.15　q-ZSI 启动波形

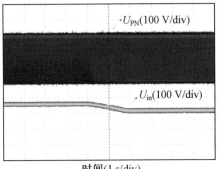

时间(1 s/div)

图 7.16　q-ZSI 抗输入电压扰动波形

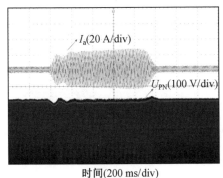

时间(200 ms/div)

(a) 反馈控制

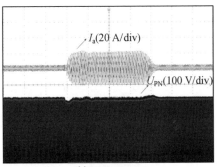

时间(200 ms/div)

(b) 复合控制

图 7.17　q-ZSI 抗负载电流扰动波形

本 章 小 结

　　本章基于 qd 轴系下 SPMSM 数学模型和 q-ZSI 小信号模型设计了 q-ZSI 永磁同步电机驱动系统。电机转矩控制实验说明电机电流环的稳态和动态特性良好,设计符合要求。直流链电压控制实验说明双向 q-ZSI 避免了非正常工作状态,在高速轻载条件下直流链电压能够保持稳定无畸变。而且,直流链电压在系统启动和输入电压、负载电流变化时都表现出良好的动态特性。负载突变仿真和实验证明,相比于直流链电压反馈控制系统,复合控制系统抑制直流链电压波动的能力更强。

第 8 章

新能源汽车用内置式永磁同步电机驱动系统设计

本章以新能源汽车用内置式永磁同步电机驱动系统为背景,从 Z 源－IPMSM 驱动系统方案、Z 源逆变器主电路参数和 Z 源－ IPMSM 系统控制策略三部分进行设计和研究。驱动系统方案设计中, 通过对母线电压可调和母线电压恒定的方案进行对比,确定控制方案并 给出控制框图,搭建实验台架;Z 源逆变器主电路参数设计中,根据控制 器参数和前文的理论,对电感、电容、开关管和缓冲电路等部分进行分析; Z 源－IPMSM 系统控制策略的研究中,以提高直流母线电压的利用率为 优化目标,确定电感电流为内环、电容电压为外环的控制方式,最终给出 实验测试的结论和分析。

8.1　Z 源 – IPMSM 驱动系统方案设计

母线电压可调的概念是在直流电源和逆变器之间加入双向 Buck/Boost 变换器的基础上提出来的,通过调节双向 Buck/Boost 变换器占空比调节直流母线电压,改善矢量控制系统的整体性能。因为母线电压可调,所以永磁同步电机可以做到升压扩速。母线电压固定是将直流母线端电压通过闭环控制在恒定值,在电动汽车上一般采用该方案。母线电压可调方案更有利于减小负载电流纹波,提升电流质量,本节将对此进行进一步实验验证。在 Z 源－IPMSM 驱动系统中,母线电压采取实时调节策略时,其直流链电压指令为

$$U_{dc}^* = \omega \sqrt{3} \sqrt{(L_d i_d + \psi_f)^2 + (L_q i_q)^2} \tag{8.1}$$

实验过程中在上述公式基础上再取 1.2 倍的裕量。图 8.1 为电机相电流及其谐波分析频谱图。一种为采用母线电压可调方案,母线电压确立为 210 V;另一种为采用母线电压固定方案,将母线电压恒定至 310 V,然后运行同种电机工况。

由图 8.1 可以看出,采用母线电压可调方案时,电流基波(33 Hz)幅值更大。而随着母线电压升高,电流纹波增大,低次谐波幅值增大,这既不利于电机的稳定运行,同时也会增大电机损耗及转矩脉动。

另外,母线电压恒定的方案由于其电压更高,需要的直通电流更大,所以也增加了控制器的导通和开关损耗。尤其在电机低速轻载的工况下,采用低电压高调制比的方案比采用高电压低调制比的方案性能更优。

本章采用双向 Z 源逆变器调节直流母线电压,以电动汽车为应用背景设计了母线电压调节型永磁同步电机的控制系统,整体控制框图如图 8.2 所示。电动汽车永磁同步电机驱动一般采用电压型逆变器,直流母线电压即为直流电源(电池或超级电容)电压。电池或超级电容在大电流放电时电压下降较大,电压下降会降低输出功率,影响控制特性。采用 Z 源逆变器可提升直流母线电压,保

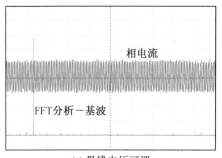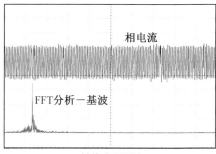

(a) 母线电压可调   (b) 母线电压固定

图 8.1　不同控制策略下电流谐波分析

证电机输出功率。通过 Z 源逆变器提升母线电压,控制绕组电流全部为转矩电流以解决传统弱磁方案铜损大的问题。采用双向 Z 源逆变器结构,实现能量的双向流动。

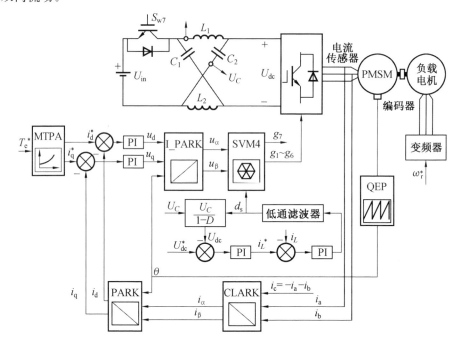

图 8.2　Z 源驱动 PMSM 系统控制框图

实验过程中采用两电机对拖的方式实现 PMSM 加载,实验平台实物照片如图 8.3 所示。图 8.3(a) 为 Z 源逆变器主电路及其控制电路,图 8.3(b) 为电机对拖系统。两电机中间安装转矩、转速测量仪,以便实时测量电机系统的转矩、转速及机械功率。

(a) Z 源逆变器

(b) 电机对拖系统

图 8.3　实验台架

8.2　Z 源逆变器主电路参数设计

　　Z 源－PMSM 驱动平台以驱动内置式 PMSM(IPMSM)为目的,实现升压控制,控制器参数见表 8.1。

表 8.1　控制器参数

参数	数值	参数	数值
额定功率	5.2 kW	输入电压	200~300 V
直流链电压峰值	310 V	输入电流	26 A
驱动电机额定转速	1 000 r/min	额定输出频率	67 Hz
驱动电机额定转矩	50 N·m	驱动电机额定转矩	50 N·m

8.2.1　电感设计

　　电感的设计过程中,主要考虑两方面因素——电感电流纹波限制和谐振抑制。实验平台中直流电源最低工作电压为 200 V,直流链电压最高稳定在 310 V,开关频率为 10 kHz。

1.电感电流纹波限制

工作过程中电感电流平均值满足

$$I_L = \frac{P_o}{U_{in}} \tag{8.2}$$

根据第2章的结论，SVM4策略下产生的最大电感电流纹波比SVM6策略下的更小，更有利于减小电感体积，故在控制中采用SVM4策略。此时，电感电流纹波为

$$\Delta i_L = \frac{m d_s U_{in}}{2 L f_s (1-2d_s)} \tag{8.3}$$

如果电感电流纹波要求不超过平均值的10%，则最小电感量为1.05 mH。

电感电流最大值为

$$i_{L\max} = I_L + \frac{1}{2} \Delta i_L \tag{8.4}$$

代入相关参数可以求得电感电流最大值为27.3 A。

2. 谐振抑制

Z源逆变器是依靠电感电容充放电来实现升压目的的，其LC网络谐振频率要远低于逆变器开关频率，即

$$\frac{1}{2\pi\sqrt{LC}} < f_s \tag{8.5}$$

代入参数得到最小电感量为 0.184 mH，实际电感量设计时要远大于这个值。

根据上述两方面考虑，最终设计的电感规格为 1.2 mH，35 A。

8.2.2 电容选取

根据第3章中临界电感值的定义有

$$L_c = \frac{m d_s U_{in}^2}{4 f_s (1-2d_s)(P_o - U_{in}\hat{i}_{ph})} \tag{8.6}$$

代入相关参数可得其值为 274 μH$<$1.2 mH，此时电容电压纹波计算公式应为

$$\Delta u_C = \frac{I_L}{2 C f_s}(-1 + 2d_s + m) \tag{8.7}$$

如果电容电压纹波要求不超过平均值的1%，则最小电容量为180 μF。

电容电压最大值为

$$u_C = U_C + \frac{1}{2} \Delta u_C \tag{8.8}$$

代入相关参数可以求得电容电压最大值为 256 V，最终选择220 μF、310 V

的薄膜电容。

8.2.3　主电路开关管选取

在平台设计过程中,Z 源逆变器调制方式采用电感电流纹波更小的四段式 SVM(SVM4)策略。与 SPWM 调制策略相比,SPWM 调制为三相直通方式,而 SVM 调制为单相直通方式。直通状态发生时,假设 A 相桥臂直通,并假设此时电流回路正方向如图 8.4 所示。

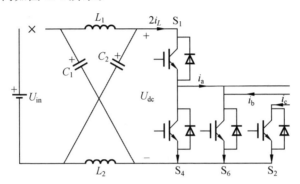

图 8.4　单相直通模式

根据图中电流参考方向,列写基尔霍夫电流方程有

$$\begin{cases} i_{s_1} = 2i_L \\ i_{s_4} = i_{s_1} - i_a \\ i_{s_6} = i_b \\ i_{s_2} = i_c \end{cases} \tag{8.9}$$

单相直通时,开关管承受的电流应力峰值为

$$i_{max} = 2i_L = 2\left(I_L + \frac{1}{2}\Delta i_L\right) + \hat{i}_{ph} \tag{8.10}$$

直通状态下流经逆变桥开关管的平均电流为

$$I_{av1} = 2I_L \tag{8.11}$$

非直通状态下流经开关管的平均电流为

$$I_{av2} = \frac{1}{2\pi}\int_0^\pi \hat{i}_{ph}dt = \frac{\hat{i}_{ph}}{\pi} \tag{8.12}$$

逆变桥开关管的平均电流应力可以看成由直通状态和非直通状态两部分的平均电流组成,所以

$$I_{av} = 2I_L + \frac{\hat{i}_{ph}}{\pi} \tag{8.13}$$

代入相关参数可以求得开关管电流平均值为 59 A,电流峰值为 78 A,另考虑到直流链电压最大为 310 V,故最终选择峰值电压为 600 V、有效值为 75 A 的英飞凌单桥臂 IGBT 模块构筑逆变桥。

8.2.4 缓冲电路设计

C 型缓冲电路应用于 Z 源逆变器时,当直通状态来临时,相当于将电容直接短路,对开关管和电容的电流冲击非常大,极易造成桥臂开关管过流损毁,是严禁使用的。

而 RC 和 RCD 型缓冲电路应用于 Z 源逆变器存在的最主要问题在于:直通时桥臂短路,缓冲电容将通过缓冲电阻迅速地放电,由此产生了额外的能量损耗,即

$$P_{\text{sloss}} = \frac{\int_0^{0.5 d_s T_s} R_s i_{R_s}^2 \, \mathrm{d}t}{0.5 T_s} = C_s f_s U_{\text{dc}}^2 \left(1 - \mathrm{e}^{\frac{-d_s T_s}{R_s C_s}}\right) \tag{8.14}$$

式中　C_s——缓冲电容容值;

　　　R_s——缓冲电阻阻值。

传统的电压源型逆变器在缓冲电路上产生的能量损耗与工作电流是正相关的,负载电流越大,产生的尖峰电压越大,造成的能量损耗也就越大。而由式(8.14)可以看出,如果电路参数已经确定,那么缓冲电阻在直通期间的损耗也就确定了,与负载工况无关。即使变换器工作于空载状态下,在直通状态下缓冲电路也会产生与满载状态相同的损耗。

传统 RCD 应用于 Z 源逆变器时造成大损耗的根本原因就在于直通期间缓冲电容形成了一个迅速放电的回路,可以在缓冲回路中增设开关管,在直通状态时切除放电回路,从而解决上述问题。

在提出的新拓扑中,在缓冲电路中增设了开关管 S_s(图 8.5 中虚线框所示)。S_s 在非直通状态时开通,在直通状态时关断。

图 8.6 给出了一个载波周期的 4 种工作状态。阶段 1(图 8.6(a)),Z 源逆变器工作在非直通状态,以 S_1 关断、S_2 开通时刻为分析起点。此时,S_1 处于关断过程,流经其电流迅速衰减,缓冲电容快速充电。由于 IGBT 关断时间很短,一般为纳秒级,故可以将其电流的衰减和缓冲电容的充电过程看成是线性的,此时,直流链电压产生第一个尖峰。S_s 开通,且没有电流流过。

缓冲电容充电电流和电压关系满足

$$i_{C_s}(t) = I_{\text{dc}} \frac{t}{t_{\text{off}}} \tag{8.15}$$

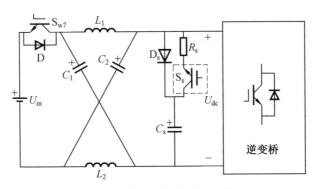

图 8.5　提出的 RCD 缓冲电路

$$u_{C_s}(t) = U_{dc} + \frac{1}{C_s} \int_0^{t_{off}} i_{C_s}(t) \, dt \qquad (8.16)$$

式中　I_{dc}——直流链电流；

　　　i_{C_s}——缓冲电容电流；

　　　t_{off}——IGBT 关断时间。

阶段 2（图 8.6(b)），线性化换流过程结束后，线路杂散电感通过缓冲二极管向缓冲电容谐振放电。当谐振放电电流为 0 时，缓冲电路二极管关断，缓冲电容电压达到最大值，直流链电压产生第二个尖峰。

缓冲电容电压及其初始条件满足

$$U_{dc} = L_s C_s \frac{d^2 u_{C_s}}{dt^2} + u_{C_s} \qquad (8.17)$$

$$u_{C_s(0)} = U_{dc} + \frac{t_{off}}{2C_s} I_{dc} \qquad (8.18)$$

式中　L_s——主电路杂散电感和缓冲电路寄生电感之和。

阶段 3（图 8.6(c)），谐振过程结束后，由于二极管的反向阻断特性，缓冲电容的能量不再通过谐振回馈线路杂散电感，而是通过放电电阻放电。此过程结束后缓冲电容电压将下降为直流链电压。

非直通状态时，S_s 开通，其承受的电流应力和缓冲电阻相同，有

$$i_{S_s \max} = \frac{u_{S_s \max} - U_{dc}}{R_s} \qquad (8.19)$$

阶段 4（图 8.6(d)），Z 源逆变器工作于直通状态。S_s 断开，断开了电容的放电回路。

在直通状态时，S_s 关断，其承受的电压应力和缓冲电容相同，有

$$u_{S_s \max} = u_{C_s \max} = U_{dc} + \frac{I_{dc}}{2C_s} \sqrt{t_{off}^2 + 2 I_{dc} C_s} \qquad (8.20)$$

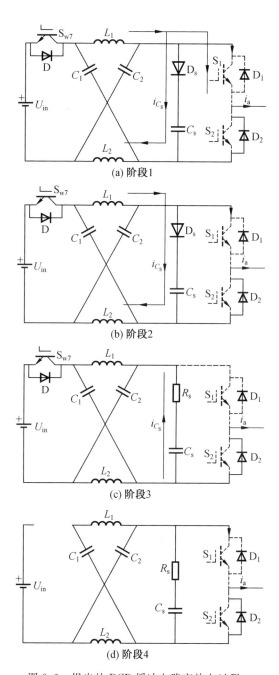

图 8.6　提出的 RCD 缓冲电路充放电过程

简单 SPWM 调制下,Z 源逆变器在直通—零状态 1、零状态 1—有效状态 1、有效状态 1—有效状态 2 和有效状态 2—零状态 2 共 4 种状态切换的过程中均涉及开关管的关断和二极管的续流动作,均引起直流链电压尖峰和振荡。也就是说,简单 SPWM 调制下,在半个载波周期的非直通时刻,直流链电压会产生 4 次电压尖峰和振荡,如图 8.7 所示。直通六段式 SVM 调制下,Z 源逆变器的直通矢量被按一定比例分配到零状态 1、有效状态 1、有效状态 2 和零状态 2 共 4 种状态的切换时刻。这样,每一次有效状态和零状态与直通状态的切换过程中均会涉及开关管的关断和二极管的续流动作,产生电压尖峰和振荡。也就是说,直通六段式 SVM 调制下在直通向非直通时刻状态切换的过程中,直流链电压均会产生电压尖峰和振荡,如图8.7所示。

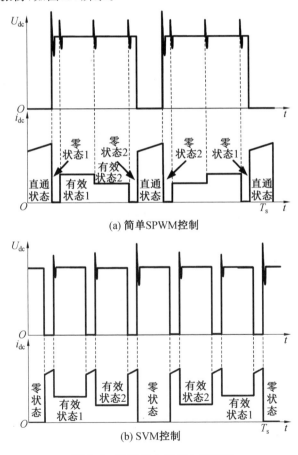

图 8.7　直流链电压和电流波形

电压型逆变器 RC 参数的设计方法已经很成熟,缓冲电容和电阻的设计公式为

$$C_s \geqslant \frac{L_s i_{dc}}{(u_{max} - U_{dc})^2} \tag{8.21}$$

$$2\sqrt{\frac{L_s}{C_s}} \leqslant R_s \leqslant \frac{1}{3 C_s f_s} \tag{8.22}$$

除了上述两个公式,Z 源逆变器的 RC 参数设计中很关键的一个参数就是直流链电流 i_{dc},它和电压型逆变器是不同的。

对于简单 SPWM 控制,直流链电流在直通状态时等于 2 倍的电感电流,在非直通状态时等于负载相电流峰值,故

$$i_{dc} = \max(2 i_L, \ \hat{i}_{ph}) \tag{8.23}$$

对于 SVM 调制,缓冲电路都是在直通状态向非直通状态时充放电,发生状态改变时直流链电流均等于 2 倍的电感电流,所以

$$i_{dc} = 2 i_L \tag{8.24}$$

由式(8.23)和式(8.24)可以看出,缓冲电路的设计过程中都要用到电感电流的瞬时值。另外,它还受到电感电流纹波的影响。第 2 章中的电感电流纹波计算理论在缓冲电路的设计过程中仍然需要予以应用。结合实际的电压尖峰抑制效果,最终采用的 RC 参数为 $R_s = 10 \ \Omega$,$C_s = 0.22 \ \mu F$。图8.8展示了未加/加入缓冲电路时 Z 源逆变器的直流链电压波形。

从波形中可以看出,未加缓冲电路时,由于主电路杂散电感的存在,直流链电压产生了电压尖峰和振荡。加入新型 RCD 缓冲电路后,电压尖峰得到了有效压制。

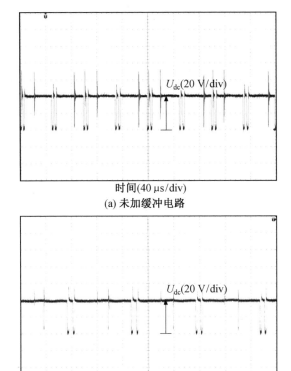

时间(40 μs/div)

(a) 未加缓冲电路

时间(40 μs/div)

(b) 加入缓冲电路

图 8.8　未加/加入缓冲电路的直流链电压波形

8.3　Z 源 – PMSM 系统控制策略的实验研究

在 Z 源逆变器的调制方式上,为了提高直流母线电压的利用率,并且减小电感电流纹波,本方案中对准 Z 源的控制采用 SVM4 控制;在 Z 源网络的控制策略上,以电感 L_1 电流为内环、电容 C_1 电压为外环,通过控制电容电压来达到控制直流链电压的目的,整体控制框图如图 8.2 所示。

对永磁同步电机采用最大转矩/电流控制,在此不再展开叙述。由文献 [79],准 Z 源逆变器电感电流和直流链电压关于直通占空比的开环传递函数为

$$G_{id}(s) = \frac{\hat{i}_L(s)}{\hat{d}(s)} = \frac{\dfrac{1}{1-2d_s}U_{in}Cs + I_{load}}{LCs^2 + Crs + (1-2d_s)^2} \tag{8.25}$$

$$G_{ud}(s) = \frac{\hat{u}_{dc}(s)}{\hat{d}(s)} = \frac{-4\dfrac{1-d_s}{1-2d_s}I_{load}Ls + 2U_{in} - 4\dfrac{1-d_s}{1-2d_s}I_{load}r}{LCs^2 + Crs + (1-2d)^2} \tag{8.26}$$

式中　r——电感等效串联电阻,测量值为 35 mΩ;

　　　I_{load}——负载电流有效值。

考虑实验平台所用的是薄膜电容,其等效串联电阻非常小,故在建模过程中忽略不计。在双环控制中,电感电流环和直流链电压环均采用串联 PI 补偿。电感电流环得到补偿后,将其闭环传递函数视作电压环的一部分再加以补偿。补偿前后系统的电流、电压开环幅频特性曲线如图 8.9 所示。

由图 8.9 可以看出,补偿后电流和电压幅频特性低频段斜率均变大,减小了系统的稳态误差,提高了精确性。电流环作为内环,应该具有快速响应的特性,其带宽应为外环的 10 倍左右,同时考虑对高频噪声的抑制,故将电感电流幅频特性的截止频率修正为开关频率的 1/5,最终取为 1.99 kHz。相角裕度为89.8°,超调量小且响应时间短,动态响应良好。直流链电压峰值为直流量,在控制时重点关注其稳定性和误差特性,故将其截止频率定为 116 Hz。相角裕度为86.3°,同样具有小的超调量和响应时间。

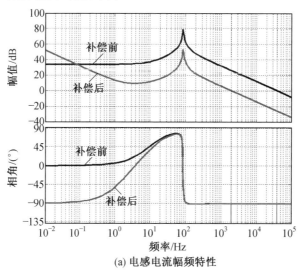

(a) 电感电流幅频特性

图 8.9　补偿前后系统开环幅频特性曲线

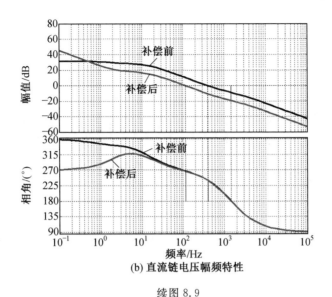

(b) 直流链电压幅频特性

续图 8.9

　　实验测试的 Z 源逆变侧和电机侧的动稳态特性测试结果如图 8.10～8.13 所示。

　　由图 8.10 可以看出,系统能够实现稳定工作,电感电流在一个载波周期内有 4 次充放电过程,实现了 SVM4 控制。由图 8.11 可以看出,直流链电压的响应时间在 10 ms 左右,超调量约为 3%,动态特性良好。输入电压改变后,直流链电压仍然能够跟随给定的 300 V,说明 ZSI 实现了电压闭环。电机加载及卸载后,电感电流动稳态响应特性良好。

　　由图 8.12 可以看出,给定转矩 20 N·m 时,响应速度为 20 ms 左右,响应速度快。其中,指令转矩和实际输出转矩是根据电机直、交轴电流,直、交轴电感及磁链、极对数计算,并通过 D/A 输出后采集得到。实验波形说明实际输出转矩能够很好地跟随指令转矩,稳态性能良好。

　　图 8.13 是采用弱磁方案和 Z 源逆变器升压方案时相关的实验波形。实验时,两组实验的直流输入电压均设定在 200 V。一组通过升压方案提升母线电压,另一组通过弱磁方案实现扩速,两组的实验目的均为将电机转速提升至700 r/min。

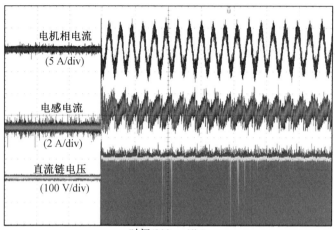

时间(200 ms/div)
(a) 负载周期

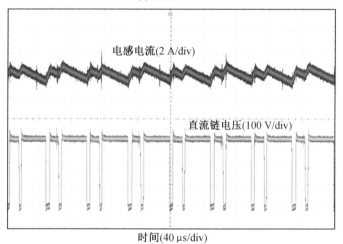

时间(40 μs/div)
(b) 载波周期

图 8.10　ZSI 稳态波形

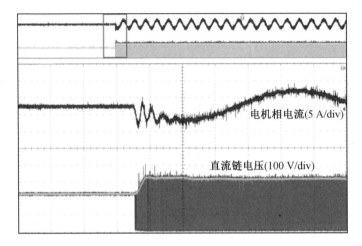

时间(10 ms/div)
(a) 启动动态响应1

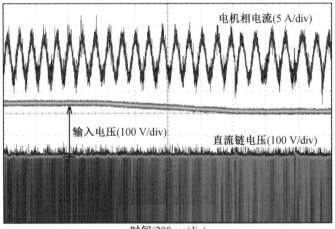

时间(200 ms/div)
(b) 输入电压变化

图 8.11　ZSI 动态波形

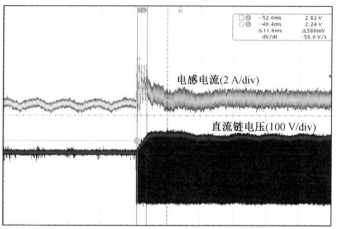

时间(40 ms/div)

(c) 启动动态响应2

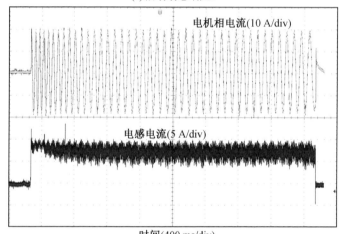

时间(400 ms/div)

(d) 加载/卸载

续图 8.11

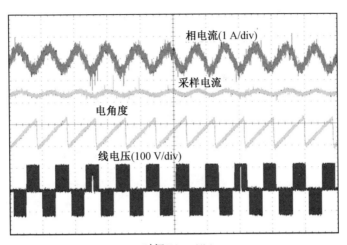

时间(40 ms/div)

(a) 稳态波形

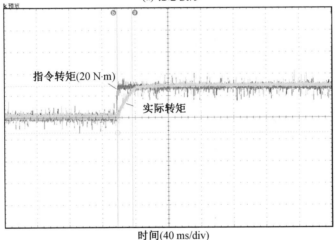

时间(40 ms/div)

(b) 转矩响应

图 8.12　电机侧动稳态波形

　　图 8.13 中 d、q 轴电流是以 D/A 输出展示的,每格表示 1.4 A。由图 8.13 两图可以看出,采用弱磁扩速方案时,相同电机工况下,所需的电流幅值更大,由此产生了更大的铜损;而采用 Z 源逆变器提升母线电压的方案,所需的电流幅值小,铜损更小。

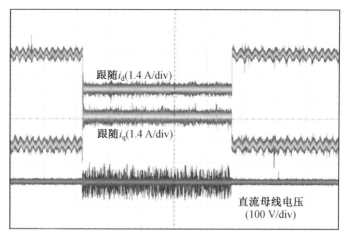

时间(400 ms/div)

(a) 弱磁方案

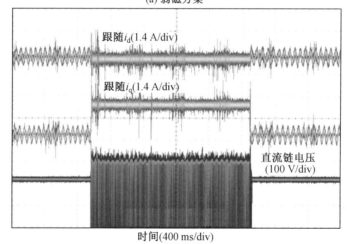

时间(400 ms/div)

(b) 升压方案

图 8.13　采用不同方案扩速的相关波形

本 章 小 结

　　本章设计了 Z 源－IPMSM 系统的硬件平台,对 Z 源逆变侧及电机侧进行了双环控制策略,主要工作及研究结论如下:

　　(1)应用电感电流纹波理论设计了 Z 源网络电感,满足了纹波及谐振抑制方面的要求。

（2）应用电容电压纹波理论选择了电容电压定额，选择以薄膜电容作为 Z 源网络电容，满足系统工作电压需求。

（3）设计了适合于 Z 源逆变器应用的 RCD 缓冲电路，解决了传统缓冲电路应用于 Z 源逆变器时损耗大的问题。

（4）对比了母线电压固定和母线电压可调策略，母线电压可调策略下输出电流质量更高。

（5）设计了 Z 源逆变器主电路及控制电路，设计了双闭环结构下 PI 校正参数，实验说明系统动稳态特性良好。

参 考 文 献

[1] ZHU Z Q, HOWE D. Electrical machines and drives for electric hybrid and fuel cell vehicles [J]. Proceedings of the IEEE, 2007,95(4):746-765.

[2] PENG F Z. Z-source inverter[J]. IEEE Transactions on Industry Applications, 2003, 39(2): 504-510.

[3] STAUNTON R H, AYERS C W, MARLINO L D. Evaluation of 2004 Toyota Prius hybrid electric drive system [R]. USA: Oak Ridge National Laboratory, 2005.

[4] ANDERSON J, PENG F Z. A class of quasi-Z-source inverters [C]. IEEE Industry Applications Society Annual Meeting, Edmonton, 2008: 1-7.

[5] QIAN W, PENG F Z, CHA H. Trans-Z-source inverters [C]. International Power Electronics Conference (IPEC), Sapporo, 2010: 1874-1881.

[6] LOH P C, LI D, BLAABJERG F. Γ-Z-source inverters [J]. IEEE Transactions on Power Electronics, 2013, 28(11): 4880-4884.

[7] STRZELECKI R, ADAMOWICZ M, STRZELECKA N. New type T-source inverter [C]. Compatibility and Power Electronics (CPE), Badajoz, 2009:191-195.

[8] LEI P. L-Z-source inverter [J]. IEEE Transactions on Power Electronics, 2014, 29(12): 6534-6543.

[9] MOSTAAN A, BAGHRAMIAN A. Discussion and comments on L-Z-source inverter [J]. IEEE Transactions on Power Electronics, 2015, 30

(12)：7308.

[10] HO A V，CHUN T W，KIM H G. Extended boost active switched capacitor/switched inductor quasi-Z-source inverters [J]. IEEE Transactions on Power Electronics，2015，30(10)：5681-5690.

[11] NGUYEN M K，LIM Y C，CHO G B. Switched-inductor quasi-Z-source inverter [J]. IEEE Transactions on Power Electronics，2011，26(11)：3183-3191.

[12] ZHU M，YU K，LUO F L. Switched inductor Z-source inverter [J]. IEEE Transactions on Power Electronics，2010，25(8)：2150-2158.

[13] WU D C，WU Y Y，KAN J R，et al. A high set-up quasi-Z-source inverter based on voltage-lifting unit [C]. IEEE Energy Conversion Congress and Exposition (ECCE)，Pittsburgh，2014：1880-1886.

[14] AHMED H F，CHA H，KIM S H. Switched-coupled-inductor quasi-Z-source inverter [J]. IEEE Transactions on Power Electronics，2016，31(2)：1241-1254.

[15] GE B M，HAITHAM A R，PENG F Z，et al. An energy-stored quasi-Z-source inverter for application to photovoltaic power system [J]. IEEE Transactions on Industrial Electronics，2013，60(10)：4468-4481.

[16] PENG F Z，JOSEPH A，JIN W，et al. Z-source inverter for motor drives [J]. IEEE Transactions on Power Electronics，2005，20(4)：857-863.

[17] BATTISTON A，MILIANI E H，PIERFEDERICI S，et al. A novel quasi-Z-source inverter topology with special coupled inductors for input current ripples cancellation [J]. IEEE Transactions on Power Electronics，2016，31(3)：2409-2416.

[18] DING J D，XIE S J，TANG Y. Optimal design of the inductor in Z-source inverter with single phase shoot-through SVPWM strategy [C]. Energy Conversion Congress and Exposition (ECCE)，Atlanta，GA，2010：2878-2882.

[19] PENG F Z，SHEN M S，QIAN Z M. Maximum boost control of the Z-source inverter [J]. IEEE Transactions on Power Electronics，2005，20(4)：833-838.

[20] SHEN M S，WANG J，JOSEPH A，et al. Maximum constant boost control of the Z-source inverter [C]. 39th IEEE Industry Applications Con-

ference, Hong Kong, 2004: 142-147.

[21] LOH P C, VILATHGAMUWA D M, LAI Y S. Pulse width modulation of Z-source inverters [J]. IEEE Transactions on Power Electronics, 2005, 20(6): 1346-1355.

[22] TANG Y, XIE S J, DING J D. Pulse width modulation of Z-source inverters with minimum inductor current ripple [J]. IEEE Transactions on Industrial Electronics, 2014, 61(1): 98-106.

[23] DING X P, QIAN Z M, YANG S T. A direct peak DC-link boost voltage control strategy in Z-source inverter [C]. Twenty Second Annual IEEE Applied Power Electronics Conference (APEC), Anaheim, 2007: 648-653.

[24] XU H P, PENG F Z. Analysis and design of bi-directional Z-source inverter for electrical vehicles [C]. Applied Power Electronics Conference and Exposition, Austin, TX, 2008: 1252-1257.

[25] SHEN M S, JOSEPH A, HUANG Y, et al. Design and development of a 50 kW Z-source inverter for fuel cell vehicles [C]. Power Electronics and Motion Control Conference, Shanghai, 2006: 1-5.

[26] DONG S, ZHANG Q F, ZHOU C W. Analysis and design of snubber circuit for Z-source inverter [C]. Power Electronics and Applications (EPE' 14-ECCE Europe), Lappeenranta, Finland, 2014: 1-10.

[27] SHEN M S, PENG F Z. Operation modes and characteristics of the Z-source inverter with small inductance or low power factor [J]. IEEE Transactions on Industrial Electronics, 2008, 55(1): 89-96.

[28] 丁新平, 钱照明, 崔彬, 等. 适应负载大范围变动的高性能 Z 源逆变器 [J]. 电工技术学报, 2008, 23(2):61-67.

[29] SHAHBAZI M, JAMSHIDPOUR E, POURE P, et al. Open and short circuit switch fault diagnosis for nonisolated DC-DC converters using field programmable gate array [J]. IEEE Transactions on Industrial Electronics, 2013, 60(9): 4136-4146.

[30] NIE SS, PEI X J, CHEN Y. Fault diagnosis of PWM DC-DC converters based on magnetic component voltages equation [J]. IEEE Transactions on Power Electronics, 2014, 29(9): 4978-4988.

[31] JAMSHIDPOUR E, POURE P, SAADATE S. Photovoltaic systems reli-

ability improvement by real-time FPGA-based switch failure diagnosis and fault-tolerant DC-DC converter [J]. IEEE Transactions on Industrial Electronics, 2015, 62(11): 7247-7255.

[32] JAMSHIDPOUR E, POURE P, GHOLIPOUR E. Single-switch DC-DC converter with fault tolerant capability under open and short circuit switch failures [J]. IEEE Transactions on Power Electronics, 2015, 30(5): 2703-2712.

[33] DING X P, QIAN Z M, YANG S T, et al. A high-performance Z-source inverter operating with small inductor at wide-range load [C]. Twenty Second Annual IEEE Applied Power Electronics Conference (APEC), Anaheim, 2007: 615-620.

[34] YAMANAKA M, KOIZUMI H. A bi-directional Z-source inverter for electric vehicles [C]. International Conference on Power Electronics and Drive Systems (PEDS), Taipei, 2009: 574-578.

[35] BATTISTON A, MILIANI E, MARTIN J, et al. A control strategy for electric traction systems using a PM-motor fed by a bi-directional Z-source inverter [J]. IEEE Transactions on Vehicular Technology, 2014, 63(9): 4178-4191.

[36] LIU Y S, GE B M, HAITHAM A M, et al. Overview of space vector modulations for three-phase Z-source/quasi-Z-source inverters [J]. IEEE Transactions on Power Electronics, 2014, 29(4): 2098-2108.

[37] DONG S, ZHANG Q F, CHENG S K. Current ripple comparison between ZSVM4 and ZSVM2 [J]. IEEE Transactions on Power Electronics, 2016, 31(11): 7952-7957.

[38] ZHANG J H, LAI J S, KIM R Y, et al. High-power density design of a soft-switching high-power bidirectional DC-DC converter [J]. IEEE Transactions on Power Electronics, 2007, 22(4): 1145-1153.

[39] 张千帆, 董帅, 周超伟, 等. Z 源逆变器直通电流回路及功率开关管电流应力分析 [J]. 电工技术学报, 2016, 31(4): 123-128.

[40] SHEN M S, PENG F Z. Operation modes and characteristics of the Z-source inverter with small inductance or low power factor [J]. IEEE Transactions on Industrial Electronics, 2008, 55(1): 89-96.

[41] 刘树林, 刘健, 杨银玲, 等. Boost 变换器的能量传输模式及输出纹波电压

分析 [J]. 中国电机工程学报，2006，26(5)：119-124.

[42] RAJAKARUNA S，JAYAWICKRAMA L. Steady state analysis and designing impedance network of Z-source inverters [J]. IEEE Transactions on Industrial Electronics，2010，57(7)：2483-2491.

[43] HU S D，LIANG Z P，HE X N. Ultracapacitor-battery hybrid energy storage system based on the asymmetric bidirectional Z-source topology for EV [J]. IEEE Transactions on Power Electronics，2016，31(11)：7489-7498.

[44] SHEN M S，A JOSEPH，H YI，et al. Design and development of a 50 kW Z-source inverter for fuel cell vehicles [C]. CES/IEEE 5th International Power Electronics and Motion Control Conference（IPEMC），Shanghai，2006：1-5.

[45] MCMURRAYW. Optimum snubbers for power semiconductors [J]. IEEE Transactions on Industry Applications，1972，8(5)：593-600.

[46] HARADA K，NINOMIYA T. Optimum design of RC snubbers for switching regulators [J]. IEEE Transactions on Aerospace and Electronic Systems，1979，15(2)：209-218.

[47] CHEN C，PEI X J，CHEN Y，et al. The loss calculation of RCD snubber with forward and reverse recovery effects considerations [C]. Power Electronics and ECCE Asia（ICPE & ECCE），Jeju，Korea（South），2011：3005-3012.

[48] ALBERTO G C，SOTO A，RAFAEL G. Brief review on snubber circuits [C]. 20th International Conference on Electronics Communications and Computer（CONIELECOMP），Cholula，Puebla，Mexico，2010：271-275.

[49] 何湘宁，WILLIAMS B W，钱照明. 高功率逆变桥开通缓冲电路能量回馈研究 [J]. 中国电机工程学报，1997，17(3)：14-18.

[50] 于一帆. 基于 Z 源逆变器的 PMSM 母线电压调整控制的研究[D]. 哈尔滨：哈尔滨工业大学，2012.

[51] 薛平. 电动汽车电机驱动用 Z 源逆变器的实验研究[D]. 哈尔滨：哈尔滨工业大学，2013.

[52] SEN G，ELBULUK M E. Voltage and current-programmed modes in control of the Z-source converter [J]. IEEE Transactions on Industry Applications，2010，46(2)：680-686.

[53] 刘和平，刘平，胡银全. 改善电动汽车动力性能的双向 Z 源逆变器控制策略 [J]. 电工技术学报，2012，27(2)：139-145.

[54] PENG F Z，SHEN M S，QIAN Z M. Maximum boost control of the Z-source inverter [J]. IEEE Transactions on Power Electronics，2005，20 (4)：833-838.

[55] 唐欣，罗安，李刚. 大功率绝缘栅双极晶体管模块缓冲电路的多目标优化设计 [J]. 中国电机工程学报，2004，24(11)：146-149.

[56] 徐晓峰，连级三，李风秀. IGBT 逆变器吸收电路的研究 [J]. 电力电子技术，1998，8(03)：43-47.

[57] 姜栋栋，王烨，卢峰. IGBT 过电压产生机理分析及 RC 缓冲电路的设计 [J]. 电力科学与工程，2011，27(4)：23-29.

[58] 易荣，赵争鸣，袁立强. 高压大容量变换器中母排的优化设计 [J]. 电工技术学报，2008，23(8)：94-100.

[59] 彭乐. 二极管中点钳位型三电平逆变器低感母排的叠层布置 [J]. 大功率变流技术，2014，1(2)：14-17,22.

[60] 姚光中. 内置式永磁同步电动机的等效电路 [J]. 电机技术，2002，1(1)：6-11.

[61] 王爱元，凌志浩. 考虑铁损的永磁同步电动机矢量控制系统的优化 [J]. 大电机技术，2009，1(5)：29-32.

[62] 盛义发，喻寿益，洪镇南，等. 内置式永磁同步电机驱动系统效率优化研究 [J]. 电气传动，2011，41(6)：14-18.

[63] JANG S M，PARK H，CIIOI J Y. Magnet pole shape design of permanent magnet machine for minimization of torque ripple based on electromagnetic field theory [J]. IEEE Transactions on Magnetics，2011，47 (10)：3586-3589.

[64] CAO X Q，FAN L P. Efficiency-optimized vector control of PMSM drive for hybrid electric vehicle [C]. 2009 IEEE International Conference on Mechatronics and Automation，Changchun，2009：423-427.

[65] URASAKI N，SENJYU T，UEZATO K. Influence of all losses on permanent magnet synchronous motor drives [C]. 26th Annual Conference of the IEEE Electronics Society，Nagoya，Japan，2000：1371-1376.

[66] ZHOU G X，WANG H J，LEE D H，et al. Study on efficiency optimizing of PMSM for pump applications [C]. The 7th International Conference on

Power Electronics, Daegu, Korea, 2008: 912-915.

[67] MI C, SLEMON G R, BONERT R. Modeling of iron losses of permanent magnet synchronous motors [J]. IEEE Transactions on Industry Applications, 2003, 39(3):734-742.

[68] GAJANAYAKE C J, VILATHGAMUWA D M, LOH P C. Development of a comprehensive model and a multiloop controller for Z-source inverter DG systems [J]. IEEE Transactions on Industrial Electronics, 2007, 54 (4): 2352-2359.

[69] 张国驹，唐西胜，周龙，等. 基于互补 PWM 控制的 Buck/Boost 双向变换器在超级电容器储能中的应用 [J]. 中国电机工程学报，2011, 31(6): 15-21.

[70] YAMAMOTO K, SHINOHARA K, NAGAHAMA T. Characteristics of permanent magnet synchronous motor driven by PWM inverter with voltage booster [J]. IEEE Transactions on Industry Applications, 2004, 40 (4): 1145-1152.

[71] 王明渝，肖达正. 可调直流母线电压永磁电机矢量控制策略 [J]. 重庆大学学报，2011, 34(11): 94-99,116.

[72] YAMAMOTO K, SHINOHARA K, MAKISHIMA H. Comparison between flux weakening and PWM inverter with voltage booster for permanent magnet synchronous motor drive [C]. Proceedings of the Power Conversion Conference (PCC), Osaka, 2002: 161-166.

[73] SUE S M, LIAW J H, HUANG Y S, et al. Design and implementation of a dynamic voltage boosting drive for permanent magnet synchronous motors [C]. International Power Electronics Conference (IPEC), Sapporo, 2010: 1398-1402.

[74] YU C Y, JUN T, LORENZ R D. Optimum DC bus voltage analysis and calculation method for inverters/motors with variable dc bus voltage [J]. IEEE Transactions on Industry Applications, 2013, 49(6): 2619-2627.

[75] YU C Y, JUN T, LORENZ R D. Control method for calculating optimum DC bus voltage to improve drive system efficiency in variable DC bus drive systems [C]. IEEE Energy Conversion Congress and Exposition (ECCE), Raleigh, 2012: 2992-2999.

[76] BATTISTON A, MILIANI E H, MARTIN J P, et al. A control strategy

for electric traction systems using a pm-motor fed by a bidirectional Z-source inverter [J]. IEEE Transactions on Vehicular Technology，2014，63(9)：4178-4191.

[77] LIU P, LIU H P. Application of Z-source inverter for permanent magnet synchronous motor drive system for electric vehicles [C]. International Conference on Advanced in Control Engineering and Information Science (CEIS)，Dali，2011：309-314.

[78] 周玉栋，许海平，曾莉莉，等. 电动汽车双向阻抗源逆变器控制系统设计 [J]. 中国电机工程学报，2009，29(36)：101-107.

[79] LI Y, JIANG S. Modeling and control of quasi-Z-source inverter for distributed generation applications [J]. IEEE Transactions on Industrial Electronics，2013，60(4)：1532-1541.

名 词 索 引

M

母线电压可调 8.1

N

能量双向流动 2.1

R

RCD 钳位限幅型缓冲电路 4.1

RCD 型缓冲电路 4.1

RC 型缓冲电路 4.1

S

升压 1.1

死区 1.1

损耗 6.3

T

调制比 1.4

W

纹波 1.3

涡流损耗 6.3

X

相角裕度 7.4

小信号模型 5.1

Z

增益裕度 7.4

正弦脉宽调制（SPWM）1.3

直流链 1.3

直流源电流非过零模式（NPCM）3.1

直流源电流过零模式（ZPCM）3.1

直通 1.1

直通占空比 1.2

直通状态 1.2

转矩控制 7.3

转速调节器 7.2

状态方程 5.1

状态平均法 5.1